# 自我肯定的奇迹

[日]水岛广子——著
杨咏婷——译

国际文化出版公司
·北京·

前言

## 找回自我肯定感，让人生美好反转 / 水岛广子

总是想着“像我这种人……”，总是沮丧自己为什么不能像某某某一样。

总是认为不会有人喜欢自己，就算再怎么努力，也觉得不够。

无法心疼自己。

觉得谁都不重视自己，总是心怀不满。

无法说“不”。

总是觉得只有自己格格不入……

这些人都拥有共同的问题，那就是“自我肯定感”低。

我之后会在书中详细说明，目前请大家先简单地这样理解——“自我肯定感”，就是“珍惜自己的一种心情”。

自我肯定感，会对我们的各种行为产生影响。

例如，自我肯定感低的人，就有不少“总是以他人为优先”的。当自己与他人意见不同时，他们总是率先退让，说自己“没关系”。因为无法拒绝别人的请求，所以总是把自己弄得遍体鳞伤。因为不敢主张自己的喜好，所以总是附和别人的喜好。这些行为的根源，全都是出于自我肯定感低。这样的人认为自己的价值比别人低，因此会忽视自己的意见、处境、身体状况及喜好。

不过，就算知道这一点，于是努力逼自己："勇于表达自我，提升自我肯定感！""做一个敢说'不'的人！"然而情况也不一定会好转。只是说出自己的想法，并不能提升自我肯定感。有些人反而会因此烦恼"我说这些话对方会怎么想"，或是"别人会不会觉得我很任性"，结果更加失去自己。

我是研究"人际关系疗法"的专业精神科医生。在这项疗法中，我们必须通过表达内心的真实想法，促进互相理解，并从中感受到"联结"，进一步获得"重掌人际关系"的感觉，而提升自我肯定感，最终治愈精神疾病。

为什么提升自我肯定感，就能治愈精神疾病呢?

因为自我肯定感提升了，就不会再责备自己。

即使遇到挫折，也会平静对待，认为“有时候就是会这样”。

不安消失了，就能活得更轻松，也有余力体会到成就感。

一旦懂得珍惜自己，就不容易受人摆布。

也有能力将心意传达给重要的人，感受彼此温暖的联结，提高人际关系的品质。

最后产生自信，随心所欲地享受人生，进而治愈抑郁症等心理疾病。

问题是，“表达内心的真实想法，促进相互理解，并从中感受到‘联结’”，要达到这个结果并不容易。有时候试着告诉对方自己的真实想法，反而遭到对方猛烈的攻击，这样的情况也时有发生。

况且，对于自我肯定感低的人来说，要想“向对方表达自己的心意”，若没有借助治疗者的力量，基本上是很难做到的。有的人甚至会觉得，自己根本没有能说出真实想法的“对象”。

那么，要如何提升自我肯定感呢?

本书要告诉大家的，是一种所谓“尊重他人”的方法。

尊重，也就是英文中的 respect。

respect 有“尊重”“尊敬”的意思，但在这里只取“尊重”之意，因为“尊敬 = 对比他人优秀的人抱持敬意”，与本书想表达的“尊重”，在意义上有些不同。

本书所说的“尊重”，是指“对原本的对方抱持敬意与尊重”。

听到提升自我肯定感，许多人就会想到“找出自己喜欢的部分”或“更正视自己的感觉”这些以“自我”为中心的方法。

但是，这些方法通常不太有效果。只找出自己的某些部分，要自己去“喜欢”，是很难真正对“自己”这个存在抱持敬意与尊重的。

因此，本书特别将“尊重他人”作为提升自我肯定感的关键。

或许有人会认为，“尊重他人”与之前提到的“以他人为优先，自己排后面”是一样的做法，实际上并非如此，请大家放心。

若是心存怀疑，请继续阅读本书，相信你一定会体验到美好的全新转变，世界观也会彻底反转。

那么，就让我们继续往下看吧！

# 目录

## 第 1 章

## 我们为什么要霸凌自己？

### ——『自我肯定感』的重要性与影响力

# 第 2 章

## 自我肯定，从『尊重他人』做起

——用无条件的尊重，接纳身而为人的本质

# 第3章

# 『尊重他人』的五个原则

## ——守护彼此的领域，温柔接纳与倾听

# 第4章

## 如何学会『尊重自己』

——在善待他人的温柔中，看见自己的努力

# 第5章

# 建立『真正的联结』

## ——深化自我肯定感，拥有真诚自在的人际关系

我就是最好的自己

# 第1章 我们为什么要霸凌自己?

## ——“自我肯定感”的重要性与影响力

“自我肯定感”并不是对“优秀的自己”感到骄傲，
而是觉得“原本的我自己也很好”。
它是让人活得更自在，同时与他人保持良好关系的生存必备“营养素”。
相反地，如果自我肯定感低，就会不断地否定自己，
也会对“要如何生存下去”感到不安，甚至产生无力感，
由于不懂得珍惜自己，经常会做出伤害自我身心的事，也给别人带来负担。

自我肯定感低，就像是一种自我霸凌。
如果我们经常用“这样做是错的”“反正你也做不到”的眼光看待自己，
就等于是在不断地自我伤害，最后自然会让心生病。

## 你有“自我肯定感低”的问题吗？

首先，我们先来重新了解“自我肯定感”到底是什么。

**例** 虽说要有自我肯定感，但我根本没有值得骄傲的才华及能力。

“自我肯定感”并不是对“优秀的自己”感到骄傲，而是觉得“原本的我自己也很好”。

那并不是可以具体感觉到的东西，而是一种身心都被温馨、舒适的空气包围住的感觉。

许多时候，我们都不会意识到它的存在。它就像空气，空气的存在是如此重要，人们却往往觉得理所当然，甚至也不抱感恩之心；只有当空气不够了，才会稍微感受到它等同于生命的重要性。

自我肯定感也是这样的感觉。它是让人们不会被负面思考捆绑，能自由地走在温暖人生道路上的“空气”。

如果自我肯定感够高，就不会总是寻找自己的缺陷与不足，可以过着更像自己的人生，也可以用明亮的眼神，看着自己及身边的人、事、物。

当然，这并不代表所有的问题都会消失，但只要自我肯定感够高，在发生问题时，就不会立刻陷入绝望，也比较容易抱持“先试着解决看看”“应该有办法”的心态。就算问题无法顺利解决，也不至于责备自己，反而会展现出“这次失败了，下次再努力”的积极态度。

也就是说,大多数人想象中的“幸福人生”,就能实现。

相反地，如果自我肯定感低，就会不断地否定自己，认为这样的自己“很糟糕”，也会对“要如何生存下去”感到不安，甚至产生“不管做什么都没有意义”的无力感。

同时，也由于不懂得珍惜自己，经常会做出伤害自我身心的事，或是因绝望而导致“问题行为”。

自我肯定感低的人,连对自己“自我肯定感低”这件事,都以负面的眼光看待。他们会责备自己：“你就是自我肯定感低，所以才这么糟糕”“为什么我的自我肯定感这么低”，结果让自我肯定感变本加厉地受损。

自我肯定感低，就像是一种自我霸凌。

如果我们经常用“这样做是错的”“反正你也做不到”的眼光看待自己，就等于是在不断地自我伤害，最后自然会让心生病。

事实上，因为心理疾病而需要治疗的人，通常自我肯定感都极低。因此，他们需要进行一种叫作“肯定自我”的治疗。

就算还没有严重到需要治疗，自我肯定感低仍然会造成各种“让人生变得更艰难”的问题。当我们感到人生变得艰难，自我肯定感就会更加地低，最后陷入恶性循环。

本书的目的，就是要将这种恶性循环转为正向循环，但首先我们必须具体了解，自我肯定感低会引发什么样的问题。

**重点** **提升自我肯定感，不再感到“人生艰难”。**

“自我肯定感低”的实例❶

## 总是想着“像我这种人……”

**例** 觉得“像我这种人不可能做到”，于是不敢做任何新尝试。

首先，“自我肯定感低”的人会出现“像我这种人……”的想法。

他们经常觉得自己比别人的价值低，或是只有自己不对劲儿。自我肯定感如果过低，甚至还会冒出“我要是没有生下来，说不定还比较好”的负面念头。

一旦自我肯定感不足，自然就会“缺乏自信”，同时产生自暴自弃的心理，从而认为“像我这种人是不可能做到的”“像我这种人是不会有人要的”。如果觉得自己的价值比别人低，就会完全不敢展现“原本的自己”，害怕别人看到那样的自己会厌恶，使自己得到更低的评价。

过于在意别人的眼光，甚至不惜伪装自己，是自我肯定感低的明显特征。

例　我的下属即使被指正也总是强词夺理，绝不认错。作为她的上司，我虽然很困扰，但有时也会羡慕她有那么高的自我肯定感。

这个下属乍看之下，与上述所说总是想着“像我这种人……”的人完全相反，她的人生态度俨然是“我永远是对的”。然而，她的自我肯定感是否真的很高，就很难说了。

事实上，越是表现强势的人，越有可能自我肯定感低。这样的人认为“一旦示弱就会被轻视”，所以就算做错事被上司指正，而且内心也觉得自己确实搞砸了，但还是会用强势的行为来为自己的错误进行辩解。

明明展现“原本的自己”并不会受到轻视，反而更可能获得与他人深刻的联结，他们却无法想象有那样温暖的世界。

**重点** 强势的态度，不代表自我肯定感就比较高。

“自我肯定感低”的实例❷

## 总觉得还不够努力，无法心疼自己

如果不能肯定自己，就无法依照“自己的期望”，而会以“他人的期望”及“做人应该有的原则”来行事。这样一来，结果不是受人摆布，就是对自己抱着不切实际的期望，而导致心力交瘁。

由于不懂得珍惜自己，即使把自己弄得遍体鳞伤，也会竭尽全力去完成他人或工作上的要求。

例

被选为项目组组长后，我觉得，身为领导者，应该努力聆听各成员的意见，结果却承担越来越多的责任，平常和节假日都要加班，因而身心俱疲。

身为领导者，听取其他人的希望及意见固然很重要，但绝不能“凡事言听计从”。领导者在听取各成员想法的同时，也要懂得适才适岗地将工作分配出去，同时慢慢增加责任要求，这同样是身为领导者重要的工作。

以这个例子而言，当事人既被“身为领导者，应该努力聆听各成员意见”的“应该”给捆绑住，同时也因为自我肯定感低，让自己被其他人压制，结果完全无法发挥众志成城的力量。

除了在领导力上出现问题，更严重的是，这种过劳状态可能会导致抑郁症。

在这种时候，最重要的就是去思考“持续下去的可能性”，亦即试着衡量，这样的模式自己能否长久适应。不是“必须坚持”，而是从“现实上是否可行”这个角度来评估。

既然本人都自觉超出负荷了，就更应该重新检讨“目前的工作模式是否可能持续”。

然而，自我肯定感低的人无法采用“不必逞强，只要维持自己可能持续的状态”这种以自我为中心的方式来思考。因此，他们很难产生“超出负荷 → 重新检讨工作模式”的认知，导致现实中有许多人都因此罹患了身心疾病。

除此之外，自我肯定感低的人就算被提醒已经超出负荷，也会用“每个人都是这么熬过来的”来反驳，从而不愿改善问题。他们总是用挑剔的眼光批评自己“还不够努力”或“毅力不足”，因此无法察觉自己已经面临必须改善的严重状况了。

**重点**

**超出负荷也无法停止，总是批判自己，自我肯定感低的人，难以觉察自己面临严重的状况。**

"自我肯定感低"的实例❸

## 以他人为中心，行动和情绪都受摆布

**例** 邻座的同事常找我说话，导致工作被打断，真的很困扰。每次对方一开口，我就会焦躁地想，"这次不知道又要讲多久"。

自我肯定感低，也会造成人际关系上的障碍。

乍听之下，可能只是觉得"旁边有这种同事确实很烦"。但是，这个例子却隐藏着一个严重的问题，那就是，"对方找自己说话不听不行"以及"何时停止说话由对方决定"的"他人中心主义"。

自我肯定感低的人，无法以自我为中心思考，所以常被他人随心所欲的行为所摆布。他们连这样告诉他人的勇气都没有——“我很容易分心，一说话就没办法专注工作”，或是“我事情快做不完了，就说到这里吧”。

**例** 男友总是无法理解我的心情，真的很让人生气。

一旦自我肯定感不足，就很难向别人表达内心的意愿，但当别人不理解自己的想法时，又会因此感觉到压力。

我们都以为自我肯定感低的人对他人应该不会有太多期望，实际情况却完全相反——

越不能肯定自己的人，越希望别人能主动理解自己的心情。“难以传达自身的想法”的无力感，转变成了“期望对方主动理解自己的心情”的依存心态。

**例** 主管早上情绪非常差，我真担心“该不会是我昨天交的报告出问题了吧”。

如果自我肯定感低，就算别人的行为与自己完全无关，也会敏感地揣测“是不是我的错”。

看到情绪不佳的人就想着：“是不是我惹他生气了？”看到疲惫的人则想着：“是不是我让他这么累？”

或许有人会觉得，“像这样常常反省自己，难道不好吗？”有许多人更是从小就生活在“只要有人情绪不佳，就要想想自己是不是做错什么了”的环境里。

然而，人们心情不好的理由有很多。可能只是身体不适，也或许是私生活出了什么状况。忽略其他所有的可能性，把原因全都归咎到自己身上，只会累积不必要的压力。

况且，身为成熟的职场人，即使心情不好也不该迁怒他人，而是要努力改善尚有可为的现状。若真是报告出了问题，身为主管理应直接告知对方；如果做不到，这个主管就等于缺乏“身为职场人的基本能力”。

此外，以主管的立场来看，自己只是稍微情绪不佳，底下就有人心惊胆战地看自己脸色，其实也是很大的负担。

主管也是人，也会有心情不好或无力疲累的时候，不可能随时都情绪高昂。

然而，自我肯定感低的人，连“站在对方立场思考”这样的余力都没有。

**重点** 不珍惜自己，就无法体谅他人。

“自我肯定感低”的实例❹

## 自认应居下位，无法与人亲近相处

**例** 认为“自我肯定感太高会被讨厌”。

我们虽然常说“为人要谦逊”，但是，很多内心想着“像我这种人……”的人，会为了让对方处于相对比较高的位置，而刻意贬低自己，并且认为这样做才是对的。

也就是说，他们认为“像我这种人……”必须处于下位，才能表达对对方的重视。

接着，我们再来看看下面的例子。

**例** 一被称赞就觉得不自在，听到有人夸“你那件衣服很好看”，就会立刻否认。

自我肯定感低时，会觉得“我这种人没有被称赞的价值”。即使对方只是随口赞美一声，也无法坦然回应说声“谢谢”，因为他们觉得如果道谢了，就等于承认自己也觉得衣服好看。

有时候，他们也会认为对方不可能真心赞美自己，若信以为真道了谢，只会自取其辱。所以他们会立刻否认，而辜负别人的好意。

当然，不是所有自我肯定感低的人，都无法接受他人的赞美。有些自我肯定感低却又没有自觉的人，反而会需要他人的奉承，对方若是没有这么做，还会耿耿于怀地记恨。这是自我肯定感低带来的“空虚感”，必须靠着别人的奉承来填补，他们才能生存下去。

**例** 明明是对方写电子邮件来找我商量烦心事，花费许多心思认真答复后，对方却毫无回应。

这个例子让人更容易理解自我肯定感低的人是如何思考的。

一般情况下，我们得到了别人的帮助，通常都会向对方道谢，上例中这种毫无回应的状况确实令人费解。

然而，如果询问当事人为何不道谢，会发现另一种想法——“就算对方接到我这种人的道谢，也不会开心。”“对方已经花那么多时间回复我了，不该再写道谢信打扰他。”这可以说是自我肯定感低的一种“症状”。只有具备相当程度的自我肯定感，才有“对方收到感谢会很开心”的自信。对于否定自我存在价值的人来说，他们不认为自己的感谢有什么价值，更不愿意拿这种事去烦扰别人。

然而，在认真写信答复他的人看来，却会觉得他“毫无表示与回音，真的很失礼”，毕竟自己费了心思认真提供帮助，这份心意不但没有受到尊重，甚至还被完全无视了。

许多“拙于人际关系”的人，自我肯定感都较低，而其中一个原因就是缺乏自信，不敢表达个人的意见。

除此之外，从这个例子也可以看出，“像我这种人，不管做什么或说什么，对方都不会高兴”这种偏差的想法存在很严重的问题。

这样的人完全没有发现，自己身而为人，其实拥有让对方喜悦、安心等“带来正面影响”的能力。人际关系必须有双向的交流，才能活得像个人。一个人无论多受欢迎或多忙碌，收到别人的道谢时都会感到欣慰、高兴。如果你向对方道谢后却只得到冷淡的回应，那就跟你的自我肯定感没太大关系，而是对方的问题了。

**例** 我总是爱上暴力男，真的很苦恼。

自我肯定感不足时，一旦有人向自己告白，就会因为“对方竟然会喜欢这样的我”或是“我这样也有人爱”而被打动，在还不了解对方之前，就仓促地建立深入的关系。

然而，许多追求女性时作风霸气，或表现出“眼中只有你”的男性都有暴力倾向，等到你终于发现的时候，往往已经被对方所控制。因此，如果经常身陷不自由的扭曲关系，最好回过头来检视自我肯定感的问题。

**重点** 不管是谁，都能带给他人正面影响。

“自我肯定感低”的实例❺

## 卑微消极的态度，使人厌烦疲累

**例** 有个朋友，他总会说些消极、负面的话，像是“真羡慕你这么幸运”“反正我就是不行”，这实在是让人厌烦。

自我肯定感低的人，经常会像这位“朋友”一样，总是自我贬低。不只如此，他们也总是抱着“绝对不会成功”的负面想法。

上一节曾提及“没发现自己也能带给他人正面影响”

的情况，而这里的例子则是“没发现自己会带给对方负面影响”。

他们把自己看得太低，因而没发现自己与对方的存在是会互相影响的。他们会被对方的言辞伤害，却认为自己说什么，对方应该都无所谓，对自己与他人的认知有着严重偏差。

他们就是将自己看得如此卑微、无力。

于是，每当他们对别人说“真羡慕你这么幸运”或“反正我就是不行”，对方就得顾及他们的心情，不断否认“没这回事”，最后就如同例子中所说，“让人厌烦”。

除了自我贬低，自我肯定感低的人还有“容易自以为是、擅加论断”的问题。为何会有这种状况？大家在读完本书后，应该就能理解。“自以为是、擅加论断”的程度越强，自我肯定感就越低。

**例** 明明对待别人总是小心翼翼，人际关系却始终不佳。

这个例子和前述不同，当事人为了不带给对方负面影响，所以拼命压抑自己。既然如此，为什么人际关系还是未见改善？

太过小心翼翼所造成的人际关系不顺利，最常见的原因就是——“小心”的地方并不是对方所需要的。

例如，对方可能希望独处，却一直被过度关心，反而变成困扰，这种状况并不少见。这也可以说是“自以为是、擅加论断”所造成的问题。如果总是以“我觉得这样做对方会开心”的“论断”作为行事标准，就不会注意到“对方实际上需要你做什么”。

**例** 因为突然下雨，我借给朋友一把普通的雨伞，结果对方第二天竟然还了一把昂贵的进口伞表达感谢，让我觉得负担好大……

有些人就像这个例子所说，每次受到别人帮助，就会过度感谢或过度道歉。对伸出援手的人来说，这样的反应会让他们觉得："我不认为自己有做到那种程度……"或"这明明只是举手之劳……"因而感到困扰或不自在。

像这种"过度感谢"或"过度道歉"的人，自我肯定感往往都是较低的。他们在心里强烈地认为，"竟然有人会帮助我这种人"或是"我根本不值得别人帮助"。

人类都是互助合作的，有时是接受帮忙，有时是伸出援手。如果有人帮助了自己，只要向对方传达温暖的感谢，领略他们的心意，等到有其他的机会，再同样去帮助对方就好。

过度地感谢或道歉，只是在告诉别人"我的自我肯定感低”——不仅完全不能向对方传达心意，从头到尾都在显示自己的“自我肯定感有多低”。

**重点** 自我贬低、过度反应，会给对方造成负担。

"自我肯定感低"的实例❻

## 难容异见，常被他人的言行激怒

一个人攻击他人的背后，其实也隐藏着自我肯定感低的因素。

归根结底，人为什么会去攻击他人呢？

攻击，是动物感受到威胁时的反应模式。包括人类在内，每当动物感受到威胁时，就会引发"战斗或逃跑反应"（fight or flight response），如果能逃跑就逃跑，逃不了就战斗，而后者即会引发"攻击"。

一般来说，逃跑比较轻松，也更为合理。即使是熊这样的猛兽，只要未与人类狭路相逢，就宁可事先远远避开（“驱熊铃”就是为了让熊提前发现人类这个威胁而发明的）。

但就人类来说，一般都认为身而为人必须在意社会的眼光，因此不能一直逃避。

既然无法逃避，那就只能“攻击”了，所以我们身边才会频繁地出现各种攻击或反击的行为。

这里要请大家重新理解的是——“攻击是受到威胁时的反应”。

当人感觉到自己“被攻击了”或“看似要被攻击了”，这种危机感就会使人加以反制，展开攻击。

然而，让每个人感受到威胁的事物各有不同，特别是在人际关系的脉络中，一个人所感受到的威胁，反映出了这个人的人生。

例　有人与我意见相左，朋友却说“其实对方的话也有道理”，真的很让人生气。

通常，如果是在自我言行都被否定的逆境中成长，这样的人最难接受多元互异的意见。每个人原本就被允许持有各种观点，但这种人一旦遇到想法不同的人，就很容易觉得“自己被否定了”。

这样的反应很正常，毕竟在一切想法都被否定的环境中长大，就等于每天都被告知——“你说的都是错的”。这种人的成长过程中，只有一个“绝对正确”的答案，除此之外都是错的（但实际情况明明是，有各种意见罗列并存才是正确的）。

所以，当他们长大后，如果发现有人与自己意见相左，就会有被否定的感觉。对他们而言，如果不攻击对方，宣示“你错了！”，就等于承认错的是自己。也因此，在前面的例子里，当朋友表示能理解与他意见对立的人，他觉得自己被“背叛”了。

对于一直被否定着长大的人来说，“别人单纯的某项意见”就等于是威胁。他们的自我肯定感可以说是十分的低。

自我肯定感够高的人，能认知到“这只是我的意见，别人要怎么想是别人的事”；遇到心胸狭窄的人也能明白，“这个人无法理解有些人真的活得很辛苦，才会说出这种话，这也是其来有自”。

如果总是在意别人如何看待自己的想法，就是自我肯定感相当低的表现。

如果一个人总是攻击与自己意见不同的人，也就代表他“必须不断证明自己是对的”，只要有人稍稍反驳，他就会觉得被羞辱。

但是，每个人都有自己的背景与际遇，也都有反映出这些经验、属于他自己的“正确答案”。同样一件事，在某个人看来是“不对的”，但就另一个人的考量而言，却可能是“对的”。

**例** 一听说朋友五年来都不曾回老家去探望父母，就忍不住指责对方“真是不孝”。

通常，大多数的人都认为“应该孝顺父母”，但如果是从小被父母严重虐待的人，强迫他们接受这种想法，就是非常残忍的事。

但是，如果“必须不断证明自己是对的”，这样的人就无法以此角度来思考。

就算与自己的想法稍有不同，他们也会因为“自己被否定了”的不安情绪，而被“击溃”。

这种人乍看很强势，其实很容易受挫。如果他们认定的“正确答案”没有实现，就很容易感到焦躁，甚至会因为无法接受而极端愤怒，身心俱疲。

更不用说，这对人际关系的品质将有恶劣的影响。

就像前述的例子，朋友可能有许多苦衷，所以没回去探望父母，他却径自认定对方就是“不孝”，这样很有可能会伤害或激怒对方。至少对对方而言，他并不是一个“可以无话不谈的亲密朋友”。

人际关系的品质与心理疾病有着非常密切的关联，“必须不断证明自己是对的”，这样的人在健康方面通常也有极大的隐忧。

大家看到这里应该已经明白，“自我肯定感”是让人活得更自在，同时与他人保持良好关系的生存必备“营养素”。如果自我肯定感不足，就会引发各种“让人生变得艰难”的问题；而这种情况如果愈演愈烈，就会形成心理疾病。

应该有不少人早已有自我肯定感低的自觉，或读到这里之后，发现这些状况“自己都有”，接着就被这个问题卡住了——

那要怎么做，才能提升自我肯定感呢?

很多书籍都提及，自我肯定感的基础建立在幼年期，如果一个人在童年时遭受霸凌，就会彻底毁掉自我肯定感……这些论述当然都所言不假。

然而，如今拿起这本书的你，早已错过了那个重要的时期，所以需要其他的方法。

大家不用担心，即使无法回到幼年时期重新来过，你也能从现在开始，提升自我肯定感。

接下来，我们就来看看有哪些具体的做法吧!

**重点**

**必须证明自己是对的，会变成“正义狂魔”。**

# 第2章

# 自我肯定，从“尊重他人”做起

## ——用无条件的尊重，接纳身而为人的本质

每个人都有各自与生俱来的条件，经历也存在差异，
都在各自背负的命运与烦恼中，竭尽所能地活着。
不是“因为……所以尊敬”，而是无条件地接受原本的对方，
不去论断别人“应该如何”，
只是坦然接受“这应该是各种原因与背景造成的现状”，
只要这么想，我们就能对任何人都抱持体谅的态度，并且给予尊重。

“无条件的尊重”并不是以个人言行为凭，
而是从根本上去理解人类这个存在——
认知到人类原本就能不断前进的生命力，
感动于人类无论失败多少次却仍想去爱人的坚持，
体会到人类在恶劣条件下笨拙挣扎的能量。

## “有条件”的尊重——因为……所以尊敬

在第 1 章的探讨中可以发现，自我肯定感低会造成各种问题，让我们远离幸福的人生。

那么，要如何才能提升自我肯定感呢？

关键就在于“前言”中曾经提过的——尊重他人。

能够尊重他人，就能够尊重自己，也就提升了自我肯定感。

虽然这是本书所要传达的主旨，但如果无法真正理解“尊重”的意义，可能就会导致完全相反的理解，因此接下来的说明非常重要。

尊重的英文是respect，但如果翻开字典查询，respect最先出现的翻译会是“尊敬”。虽然本书要探讨的是“尊重”，但在此之前，我们也可以先思考一下“尊敬”的意义。

“尊敬”在词典中的释义是“尊崇他人的人格与行为”，亦即对他人的人格、行为或功绩等抱持“赞佩”“优秀”的评价，进而产生尊崇的感觉。这种类型的“尊敬”，在社会上处处可见。

**例** 能够运用超强企划能力和沟通能力创造畅销商品的上司，令人十分尊敬。

对拥有优秀人格及杰出成绩的人抱持尊敬的态度；虽然不太可能，但希望自己也能变成那样——这是一般人经常会有的想法。

虽然同样都是respect，但这与本书中所讨论的respect，含义却恰好相反。

因为优秀，所以尊敬——抱持这种想法的人，如果遇到以他们的角度来看并不优秀，或是在社会上未获得“优秀”评价的人，就很难对其表达尊敬。

就算勉强找出对方的优点，说服自己去“尊敬”对方，也只会显得虚伪，而且不诚实。

必须满足“优秀”这个条件，才能对其“尊敬”的状况，本书称为“有条件的尊重”。

**重点** 满足某种条件才对其尊敬，即差别对待。

## “无条件”的尊重——接受原本的对方

然而，有一种“尊重”并不需要“因为……所以尊敬”的条件，而只是因为对方存在，就无条件地接受。那是什么样的情况呢？

我们活在这世上，都背负着各自的命运与烦恼。

每个人天生的性格、体质及能力都不同，成长的环境不同，身边出现的人、物不同，所遭遇的事情也不同。

在各自的处境中，每个人都竭尽所能地努力活着。

当然，也有人看起来不像“在竭尽所能地努力”。

**例** 上司什么努力都没付出，就只会拼命挑毛病，真让人瞧不起。

在现实状况中，像这样的上司就很难让人“尊敬”吧？

但是，那个人之所以（看起来）不努力，或许是天生就有注意力散漫的问题，也可能是曾经遭受虐待或霸凌，而导致他有注意力缺失的障碍（注意力缺失是心灵受创及抑郁症的症状之一）。

也或许是，他曾经付出过努力，却完全没有获得回报，而使内心受了伤，至今仍未痊愈。没有人会毫无理由地（看起来）不努力，如果愿意听他倾诉，一定有他无法努力的原因。

同样地，“明明不努力却总是挑毛病”，这件事自然也有个中缘由。当一个人的自我肯定感过低时，如果不拼命虚张声势、正当化自己，他所维持的社会形象可能就会“崩溃”。他会认为自己一旦示弱，就将被人踩在脚下。

天生性格及过往经历塑造了现在的他。

一旦知道了这些缘由，我们说不定就会觉得：“明明碰到了这么多困难，他还是用自己的方式，跌跌撞撞努力活到了现在。”进而去体谅对方。

这就是“无条件的尊重”。对于“即使并不特别优秀，却还是努力活着”这件事怀抱敬意。就算还不到怀抱敬意的程度，也不再认为“不努力的人没有存在的价值”，而能尊重对方是“无可取代的存在”；在看到对方即使伤痕累累、笨拙踉跄，却依然努力活着时，能为他感到一丝心疼。

就是这样的感觉。

话虽如此，我们还是不可能明白身边所有人的隐情与苦衷，毕竟很多状况只有当事人才清楚。然而，我们却可以对每个人抱持这样的宽容——他之所以会如此，应该有其背后的原因。

无条件的尊重，就是不设“因为……”或“只有……的人”之类的条件，只是接受对方“原本的存在”。

不去批判别人“很奇怪”或“应该这样做才对”，也不试着去改变对方，只是坦然接受“这应该是各种原因与背景造成的现状”。

“我又不是上帝，怎么可能做得到？”

“为什么我必须这么做？”

或许有人会这么想，但如果以为这是要我们用高道德标准来苛求自己“不管对方是谁，都必须接受”，又会让人变得很痛苦。但是，希望大家想起本书的目的，那就是——提升自我肯定感。

请记住“无条件的尊重”，是提升自我肯定感的关键。

那个人会处于这样的现状，背后可能有各种原因。

只要这么想，我们就能对任何人都抱持体谅的态度，并且给予尊重。

尊重对方是“无可取代的存在”，这与社会地位或事业成就无关，因为每个人都在各自的境遇中认真、努力地活着，所以每条生命、每个存在都是珍贵的。

当然，这也包括我们自己。

**重点**

**对“即使不优秀，但还是努力活着的人”抱持敬意。**

## 放下“评价”，会看见另一个世界

当然，这并不表示“因为那个人……所以值得尊敬”的想法是不对的。

只是，就像我们之前提过的，这归根结底说起来，仍然是“有条件的尊重”。

我们来看看下面的例子。

**例** 无论是谁都有优点，要尽力找出对方好的地方，喜欢每个人。

相信许多人从小就被教导“要去找出每个人的优点”，但是，很多时候不管怎么找，往往就是遍寻不着所谓的“优点”。

基本上，如果要寻找对方的“优点”，就必须去“评价这个人”。

人们经常说：“这个人很优秀。”这句话本身就已经是一种评价。

基于自己所做的评价（或同意社会给予的评价），而抱持尊敬的想法，这就是“有条件的尊重”。

也就是说，“条件”等同于“评价”。

因为有了评价，所以做不到真正意义上的尊重。

无条件的尊重则不存在“评价”。

无论有着什么样的经历与背景，这个人诞生在世上，竭尽自己的努力活了下来，这一事实就已值得让人抱持尊重与敬意。

当然，或许对方的生存之道在自己看来，并不十分理想，但如果刻意去“评价”别人的生存之道，很可能就“无法尊重对方”。

请大家暂时先放下“评价”，试着从各种角度去思考，或许就不难发现“如果我处在相同的条件下，很可能也会变成那样”。

当一个人“无辜”地被某些条件（与生俱来的特质、成长环境或遭遇等）限制了生存方式时，就注定会过得很吃力。

那些说自己“活得很辛苦”的人，大都是被这些条件所束缚。

相反地，有许多受人尊敬者，往往都拥有先天的优势、身边的支持者或丰富的体验，并因此受惠。

**例** 我的出身不好，一直都在逆境中奋斗，不管有什么原因，我就是无法尊重不能努力的人。

一个能在“逆境中奋斗”的人，除了具备才能之外，应该还拥有“苦干的毅力”及“乐观的天性”，或许还遇见了许多贵人。

如果拥有同样的条件与境遇，大部分的人或许都会成为“能够努力的人”。

人们经常像这样，因为自己所无法左右的外在事物，生存方式受到诸多限制。

如果无视于此，只专注于“是否有能力……”，就会将对方视为怠惰偷懒或一事无成的人。

**重点** 人无法随心所欲，都被“条件”所束缚。

## “做不到”的背后，可能有各种原因

身为精神科医生，我有很多机会接触到在社会上被视为“一无是处的人”。

但是，在其中，我从未看过任何一个人满足于这样的现状。他们都对自己“没办法活得更好、更振作”而感到羞愧。人，就是这样拼了命地想活下去。

例 男友毫无上进心，总是想着逃避工作，在家也很懒散。就算念叨他，他也毫不在乎地说“我这样就好”，实在很难让人尊重。

像这位男友一样，总是在嘴边挂着“我这样就好”的人，其实并不少。

他们很可能是自我肯定感太低，已经无法想象自己可以过得比现在更好，也不觉得自己有资格享有更优质的人生。

也或许，他们更害怕抱持着希望，却又再次失望。

总之，背后都有着各种各样的理由与原因。

以残疾人奥运会为例，那些参赛选手都“要克服运动时最重大的肢体障碍”，却仍然竭尽全力地付出、表现，因而感动了所有观看比赛的人。

如果只看成绩，他们的分数和记录比起四肢健全的选手所参加的奥运会，只能说是“非常糟糕”。但没有人会做出这样的“评价”，反而是更尊敬他们“在逆境中认真拼搏”的精神。

残疾人奥运会选手的身体障碍，让我们直接看见了“各种各样的原因”。然而，当一个人内心生病、出现问题时，旁人却很难看到这些“原因”，所以他很容易被误解为“偷懒、怠惰”。

当然，其中有些人确实是真正的“恶人”。他们会欺骗，利用别人的好意，以获取自身的利益。

但他们之所以会变成这样的人，也有他们背后的原因。

或许，他们从小就在弱肉强食的环境中生长，而认为“人就是会互相背叛，人不为己，天诛地灭”；也或许是，自身的际遇让他们深刻地体会到，“诚实、正直只会吃亏”……

当然，也有少数人天生就缺乏同理心，无法感受到别人的痛苦。但即便如此，环境对他们而言，也并非完全没有影响。

因此，那些被认为“冷血、残酷的人”，形成的原因除了先天的因素，还要加上后天的作用。

身而为人，他们却无法活在“能够理解人与人有着深刻联结的温暖世界”里，其实是很可怜的事。

说不定只要有一些条件略微不同，他们也能展开不一样的人生。

**重点**

**人类是“进取向上”的生物，每个人都希望过得更好。**

## 意识到“原因”，就能接受“现实”

世界上有各种各样的人，只要愿意用心倾听，就能明白每个人背后所隐含的原因。只要理解那些“原因”，就能接纳真正的现实，同时接受“原本的对方”。

然而，我们基本上很少有机会，去“用心倾听”别人所背负的原因。大多数时候，我们都没办法知晓其他人的状况。

即便如此，对方会做出这样那样的言行，一定还是有他自己的原因。

所以，就算不知道背后的理由、隐情或苦衷，最合理的做法还是——就直接认为——应该是有什么原因。

要是能想着“应该是有什么原因”，就不会产生“这个人不应该这样”的想法，也更能接受“原本的对方”。

而接受“原本的对方”，并不代表“肯定所有的行为”。

用暴力伤害他人，无论如何都是不能被接受的。“无法容忍暴力”与“知道此人背负的原因后，就能理解他为何会变成如此”，这两件事并不冲突。

接受“原本的对方”，就是不去否认现实，并且有所认知——现实会演变成这样都是事出有因，除了接受别无他法。

前面也提过，“尊敬某个人”的想法主要是来自觉得对方“……很优秀”的“评价”。

但是，尊重一个“即使背负各种各样的问题，也仍然努力活着的人”，就完全不需要评价与条件。

只要去评价他人“……很优秀”，就没办法给予所有人相同的尊重；但若能放下评价，用心去理解事情背后隐藏的原因，或许就能尊重这些在众多制约中仍竭尽全力活下去的人了。

那是一种“怜惜”，也是一种从他们身上感受到“坚强”“诚实”，还有“一直这么努力活着”的感动。

对于那些刻意使用暴力伤害他人的人，我们或许很难产生“他们只能这样对待别人，真可怜”的情绪。然而，我从未见过一个使用暴力的人拥有高度的自我肯定感，即使不清楚详细始末，也能得知这些人以往必定过着自我肯定感极低的日子。当他们对别人暴力相向，很多时候内心都在发出求救的悲鸣。

他们有时候明明是在求救，却因为不知道求救的方法或太过笨拙，最后选择了使用暴力。他们明明需要帮助，却自己亲手毁掉了得救的机会。

由此可知，“无条件的尊重”并不是以个人的言行为凭，而是要从根本上去理解人类这个存在——认知到人类原本就能不断前进的生命力，感动于人类无论失败多少次却仍想去爱人的坚持，体会到人类在恶劣条件下笨拙挣扎的能量。

**重点**

**现实演变至此都是事出有因，除了接受别无他法。**

## 一旦受到尊重，所有人都会改变

说到这里，大家应该约略可以了解什么是“无条件的尊重”了。接着，我们就来探讨一下，当人们受到“无条件的尊重”时，会有什么样的感觉。

那是一种“原本的自己”被完全接纳的体验，可以畅所欲言，没有多余的批判，只有认真的倾听。

即使其他人对自己表现出怀疑或不信任，这里依然只有平静的倾听，以及无声且温暖的慰勉。

这里只有“安全”与“温暖”。

我们经常听到别人说，“什么事都能告诉那个人”“和那个人说话很让人安心”，或是“那个人很擅长倾听”，都表示对方非常懂得尊重他人。

当然，即使从别人那里获得了尊重，有些人还是会因为自身的背景与经历，很难从中感受到“安全”与“温暖”。例如，从小就遭受严重虐待的人，就没办法轻易地相信别人。

“就算现在看起来很亲切，谁知道以后会不会被他背叛呢。”

“这个人看似在很认真地倾听，也很理解的样子，但心里一定在嘲笑我。”

他们总是忍不住以警戒、不安的角度去看待其他人。

但是，这并不表示对他们展现尊重就毫无意义了。

相反地，尊重对他们来说更为重要，因为在他们过去的人生中，没有人对他们展现过真正的尊重。

即使是这样的人，在持续接收到别人的尊重之后，总有一天也会习惯这种新的变化。

这是身为精神科医生的我，敢斩钉截铁地保证的事。

越是看起来不需要尊重的人，越需要别人对他们的尊重与接纳。

**重点** 越是紧闭心房的人，越需要别人的接纳。

## 明明有很多朋友，为什么还是寂寞？

**例** 我的朋友很少，总是觉得寂寞。那个人朋友很多，真令人羡慕。

我们经常因为“朋友的数量”稀少，就觉得自己应该很寂寞，果真如此吗？

事实上，这也是跟尊重有关的问题。

基本上，“朋友的数量”并不是人们感到“寂寞”的根本原因。“即使拥有许多朋友，甚至很受欢迎，内心却满溢寂寞的孤独感”，这样的人其实大有所在。

明明有很多朋友，为什么还会寂寞呢？

如果只是想增加朋友的数量，就必须“伪装自己”，如此一来，不管增加几个朋友，都无法向对方展现“真正的自己”以及“真实的心意”。

许多人害怕说出真心话会被讨厌，于是就隐藏或伪装自己的想法与感受，在别人面前演出“讨人喜欢的自己”。

只要和别人产生联结的并不是“真正的自己”，而是“伪装的自己”，自然会感到寂寞。

因为“真正的自己”被否定了，被隔离在一个无法与任何人产生联结的地方。

在社交网站（如微博等）盛行的这个时代，有许多人将自己拥有多少粉丝或被点了多少赞，看得十分重要。见别人拥有广大粉丝量或得到许多赞，就羡慕对方“享有超高人气”“受到众人关注”；而自己的关注者寥寥无几，就觉得被否定了，认为自己身而为人毫无价值。

如果不想有这种感觉，应该怎么办呢？

即使在这样的时候，还是要试着不要过多地关注自己，而是把重心放在他人身上。

感到寂寞时，首先试着去“尊重身边的人”。

因为只要尊重对方，就会尽可能想保持坦诚，也会明白“伪装自己”而受众人欢迎，其实是一种欺骗，更是完全与尊重对方的态度背道而驰。

此外，擅自揣测别人的想法，“装成对方可能喜欢的样子去讨好他”，这种行为也称不上是尊重。

觉得自己“朋友很少”，等于只将朋友视为一个“数据”。只要有人能理解自己，即便仅有一个人，也应该是很棒的事。

然而，一旦陷入“数量”的竞争，朋友就变成衬托自己的工具，只是被利用来展现自己人气的“人头”，这也是缺乏尊重的态度。

自我肯定感低的人，通常都无法尊重别人；而无法尊重别人的人，通常自我肯定感也都十分低。

无法尊重别人的人，不论在社交网站上有多少朋友，到最后都无法肯定自己，也一定会感到寂寞。

就算是在现实世界，用别人喜欢的样子去交朋友，也是一种“伪装”，最后的结果还是如出一辙。

伪装成别人喜欢的样子，乍看像是十分尊重对方，其实正好相反。如果真的尊重对方，就应该以诚相待。

伪装自己，认为“这样才会被对方喜欢”，并不具备任何诚意。

因为这等于一开始就否定了对方“接受别人原本面貌的能力”，也看轻了对方“包容别人的能力”。

不避讳说出自己的缺点，才是真正诚实的表现。

当然，在坦诚相对的过程中，我们也可能遇见一些人，会因为自己过去的遭遇，而对我们加以攻击，或做些多余的干涉。

这个时候，我们更不应该“伪装”自己，而是必须保持距离，才不会损及自我肯定感。

这个部分后续会再做讨论。

**重点** **谎话越多越寂寞，以诚相待才是尊重。**

## 抛开“论断”，让彼此重获自由

**例** 但我还是无法尊重行事散漫半吊子的人。

尊重就是接纳“原本的样子”。

前面也曾提过，凡事都用主观加以“论断”（或“评价”），与“尊重”是完全背道而驰的行为。

“那个人真是散漫”“那个人实在懒惰”……像这样去“论断”别人，只会离真正的尊重越来越远。

如果能够抛开“讨厌的人”“……的人”这样的“论

断”，重新审视对方，很多时候都能看见对方“努力活着的模样”。

例如，我们有时会疑惑“那个人为什么会这样”，或是“怎么连如此简单的事都做不到”，这时不要直接“论断”对方“不用心”或“缺乏抗压力”，而要仔细倾听他的心声，或许就会知道，他已经竭尽所能地付出努力了。

这个方法在人际关系疗法中展现出了显著的效果。在我对患者进行治疗时，第一个课题就是——“厘清这是否为疾病所造成的症状”。

当人们一直无法完成某件事时，要先去厘清这是否由疾病所导致。如果是因为生病了，那么患者本人也无法控制。

这时，我会安静地倾听这些人对于自己现在如此无能为力的感受。

即使是生病造成的，大多数的人仍然会认为这是“自己的错”，而不断地责备自己。

如果此刻家人在场，过去一直无法理解患者“为什么连这种事都做不到”的他们，就会看到眼前的亲人是如何一边自责，一边与疾病苦苦缠斗，拼了命努力想活下去。

接着，有些家人就会开始为自己过去的态度道歉——这样的场景每每让我为之动容，感受到联结所带来的深刻力量。

当然，这并不代表一切问题就此迎刃而解。但是，只要有过一次这样的体验，之后双方就更容易包容彼此之间产生的细微问题；一旦有状况发生，也比较能从“对方之所以言行不当，背后其实有其原因”的角度去思考、理解。

这并不仅限于治疗的场合。在其他的人际关系中，只要我们愿意放下“论断”，就能看见别人“努力活下去”

的身影。

孩子就是典型的例子。

当孩子说谎的时候，不要单方面断定“说谎的孩子最糟糕”，而是要仔细听他说明原因。

这时我们就会发现，孩子是因为失败了却不知道修复的方法，即使害怕得不得了，还是努力试着用自己唯一知道的“方法”——说谎，来做补救。

之前也提过，人类本来就是会不断进取往前走的生命体，每个人都在自己所背负的命运中努力活着。

即使因为受伤被迫停在原地，“想继续往前走”的心情却未曾消失，所以会不断地在困境中苦苦挣扎。

即使事情糟糕至极，甚至连“继续往前走”的力量都无处可寻，但内心深处必定还抱着一丝希望。

看到这样的身影，所有想责备他们“为什么都不努力”

的心情就会消散，反而对他们“在这么痛苦的情况下仍然拼了命活着”感到心疼。这才是对对方真正的尊重。

当然，无论有什么原因，还是有些“行为”及“态度”是不可接受的。

面对这样的“行为”，最好的方式就是适当地表示反对。

就算事出有因，也不代表要接受所有的后果。

只不过，在处理某种“行为”时，觉得这个人“令人厌恶”“不敢置信”“简直不是人”，或想着这个人“会有如此异常的行为，背后一定有相当重大的原因”，这两种截然不同的态度让人感受到的压力，一定是迥异的。

无论理由多么正当，只要内心怀着愤怒或厌恶的负面情绪，最终都会伤到自己。这等于是为自己的身心不断注入毒素。

用“对方应该有隐情和原因”的角度去看待一切，也能替自己的身心排毒。

该处理的事尽快处理，迅速将毒素从自己的身体里清除，就能感觉自己是受到珍视的，进而提升自我肯定感。

**重点**

**体谅“对方有其原因”，也能疗愈自己。**

# 第3章
# “尊重他人”的五个原则
## ——守护彼此的领域，温柔接纳与倾听

每个人都拥有各自与生俱来的条件，人生中也背负着不同的状况及问题。
这些都属于每个人“自己的领域”，也与“自己的内心”息息相关，
除了自己以外，没有人真正清楚（有时就连本人也懵懂难辨），
更不是他人所可以论断的。
让彼此保有“自己的领域”，也就等于尊重彼此“原本的自己”。

“评价”只是“此刻的自己”所做的、暂时且主观的判断。
面对同一件事，不同的人可能会有完全不同的评价；
就算是同一个人，随着时间的转换，评价也可能有所改变。
如果没有认知到这一点，很可能就会视“评价”为唯一的真理，而强迫别人接受；
或者缺乏包容心，而侵犯了“别人的领域”，失去尊重他人的能力。

“尊重他人”的原则❶

## 让彼此保有自己的“领域”

第2章主要在探讨“什么是尊重他人”。即使是自己厌恶的对象，只要能用这种角度去思考——“算了，对方应该是有某些隐情或原因吧”，就能多少减轻一点压力，让心情恢复平稳、宁静。

本书一直想告诉大家的是：只要能尊重他人，就能尊重自己（提升自我肯定感），如果已经有人多少感受到这种平静，就代表状态已经往好的方向发展了。这一章要探讨的，是“尊重他人”的五个原则，相信会让大家有更进一步的理解。

第一个原则就是要让彼此保有自己的“领域”。就某种意义上来说，这可以说是尊重他人最根本的基础。

之前我一直提醒大家——每个人都拥有各自与生俱来的条件，人生中也背负着不同的状况及问题。这些都属于每个人“自己的领域”，也与“自己的内心”息息相关，除了自己以外，没有人真正清楚（有时就连本人也懵懂难辨），更不是他人所可以论断的。

**例** 我希望她变得幸福，所以只要听到她说出负面的话语，就会感到担心，忍不住要她“更正面一点”。

这种态度乍看似乎“既亲切又充满包容”，然而，这个女孩之所以会说出负面的话语，背后一定有其不为人知的原因，那是属于“她的领域”的事。

当然，希望她幸福绝对不是“不好的事”。但是，去否认一个自我肯定感可能很低的女孩，只会让她的自我肯定感更加受损，使她离幸福越来越远。

**让彼此保有“自己的领域”，也就等于尊重彼此“原本的自己”。**

然而，很多人就像这个例子一样，不愿接纳“对方的领域”，使其保有“原本的自己”，就擅自下了论断，或是抱持论断的态度。

例如，一个人失去了心爱的家人，却有人对他说：“这件事让我更能体会生命的可贵了。”对于深陷丧亲之痛的人来说，这句话有多么“伤人”“刺耳”“不得体”及“事不关己”，自是不言而喻。

一旦失去了重要的人，无论是谁，都必然经历“悲伤的阶段”。走完这段疗伤的过程，自己和身边的人或许在某一天才可以达到“理解生命可贵”的心境。

然而，当一个人还沉浸在深切的悲伤中，对未来感到绝望，甚至被各种懊悔与愧疚的念头折磨时，竟然有人对他说“这让我更能体会生命的可贵”，这几乎可以说是骚扰与伤害了，因为他已自以为是地，对“对方失去亲人”的这份深刻体验下了论断。

对于深陷痛苦中而不愿多说的人，最好的做法就是带着理解，默默地守护在旁边，接纳“现在的对方”。不是去论断“生命的可贵”，而是去尊重对方的至亲曾经活着的事实，以及如今已经不在的事实，这是非常重要的。怀着理解的心去参加葬礼，也可以说是尊重对方的表现。

**重点**

**妄自论断，会侵犯“对方的领域”。**

“尊重他人”的原则❷

## 以倾听累积“理解”的时刻

“尊重他人”的第二个原则，就是尽量理解他人的一切。

而要使自己能够理解“每个人都有各自的原因”，接受对方“原本的样子”，倾听是十分有效的方法。虽然最终的理想境界应该是，即使我们无从倾听、了解对方，也都能给予无条件的尊重；但是先从倾听做起，会让我们更容易体会那样的感觉。

**例** 因为下属无法遵守方案执行期限，我把他痛骂了一顿。之后仔细询问来龙去脉，才知道是客户那边出了状况，责任并不在他。

“这个人很糟糕”的“论断”，背后通常都有着“为什么他会做出这种事”，或是“为什么他连这种事都做不到”的疑惑，也就是不清楚对方之所以有如此言行的个中缘由。

人们经常会对自己不清楚的事，轻易做出“否定”的论断。但是只要认真倾听，即使对方真的做错了，也能理解他做出如此行为的原因，从而感到释然。

如此一来，就没有什么言行是“糟糕”的，假使在与此人相同的条件下生长，背负着相同的状况，或许谁都会做出相同的行为。这就是“理解”的时刻。

只要认真倾听别人的想法，“理解”的时刻必定会降临。

如果这一刻始终没有出现，就表示倾听得还不够；只要再深入去探究自己尚未知晓的一切，终究会到达“理解”的瞬间。

无论是多么“恶劣”的事，都给予“理解”就足够了。比方说，家里有重病的母亲却没钱医治，只好去偷窃，这就是需要“理解”的例子。“理解”也并不代表“认同”。

只要不断体验“理解”的过程，未来再遇到自己不了解的人，就能以“只要用心倾听，一定能从中找到‘理解’的角度”，去看待对方。比起主观地“论断”别人的言行“不合适”，这才是真正尊重的态度。

**重点**

**在随意论断之前，先认真倾听对方。**

“尊重他人”的原则❸

## 放下想要“改变他人”的想法

看到别人的行为而觉得“不合适”，就代表着想要改变那个人，同时也认为“那个人的现状若不是这样就好了”。

然而，觉得“那个人的现状若不是这样就好了”，这种想法其实就是一种“论断”，会妨碍我们对他人的尊重。

此外，当人受到否定时，就会进入自我防卫的状态。那些因为“原本的自己”已被接纳，而愿意敞开心扉的人，一旦开始自我防卫，“内心的‘防波堤’”就会变得特别高耸，完全斩断与他人的联结。

所以，“尊重他人”的第三个原则，就是要放下想要“改变他人”的想法。

如果不论对方处于什么状态，都能够给予尊重，就会持续让对方感受到“安全”及“温暖”。在大多数的情况下，对方终究会在某一天卸下心防（这就是我们精神科医生所做的工作）。但若只是想着要改变对方，对方的心房就会更加紧闭。

因为，人不是想要改变就能改变的。

当然，人会改变，但这是因为他自己已经做好准备，也到了应该改变的时机。

一个人不可能在别人希望他改变时，就去进行改变。

相反地，他还会因为被他人逼迫所造成的压力而心生抗拒，因此毁掉了好不容易才萌芽的“想要改变的意愿”。

因此，如果希望一个人能改变，最好的方法并不是去

“改变现在的他”，而是“接受原本的他”。这也就是“尊重他人”的态度。

当然，这里所说的“人”，也包括我们自己。

我们可以改变自己，但同样需要等待准备就绪的时机。

与其责备自己为什么不能改变，不如温柔地接受“现在的自己”。唯一能打动所有人心房的一句话，那就是——

“你现在这样就可以了。”

**重点** 人的改变，需要等待时机。

“尊重他人”的原则❹

## 说话时，只传达“我的心情”

尊重他人的关键，就是接受“原本的对方”。

然而，即使你确实这么想，但有时候说话的方式，却可能无法让对方感受到“尊重”。总之，我们说话的方式，不只要接受“原本的对方”，更需要接受“原本的自己”。

“尊重他人”的第四个原则就是——只传达“我的心情”。

例 我和女友吵架后不想开口，她却要求我“说出真心话”，我就老实说：“被你这样逼迫，我觉得很烦。”结果激怒了她。

这个情境中的男生，在回应女朋友“说出真心话”的要求时，表达的方式就像在指责对方“说了过分的话”。

因为，当主语是“你”时，往往传达的就不是“自己的心情”。

当我们觉得自己被别人的话语伤害了时，“心情”通常应该是“我很沮丧”，或是“我对这么糟糕的自己失去了信心”。

以此例来说，这个男朋友在被对方要求“说出真心话”时，真正的“心情”应该是“感觉受到逼迫”“希望照着自己的步调，想说话时才说话”。

所以，如果他能坦诚地向对方说出自己的感觉，而不是用指责对方“很烦”的方式来表达，相信就不会激怒对方了。

尊重对方的说话方式，主语通常是“我”。

不是去指责对方说话很伤人，而是要表达“自己的心情”，也就是，“听到你这么说，我觉得自己很糟糕，开始失去自信了”。

说出自己的心情，确实需要勇气。

那种感觉就像是所有的伪装都被剥除，直接显露出脆弱的自己。也正因如此，人们才会用“因为你……”或“都是那个人的错……”这些话，来掩饰自己已经受伤的心灵。

但是，当对方感觉到被指责“都是你的错”，就会开始自我防卫。除此之外，当自己的名字被搬上争执的台面，人们也会开始警戒。

如果说话的方式让对方感觉受到了指责（也就是明确地在“论断”对方），而使对方想要反驳：“我根本没那个意思！”这时就变成是你伤害了对方。

这也等于是侵犯了“对方的领域”。

如此一来，你自然会遭逢对方的“反击”，接着双方就会互相指责“谁叫你的口气那么差”“是你先……”，陷入彼此攻讦的混战。

为了避免出现这种情况，一定要用“我”作为主语，来表达心情。

如果告诉对方“你这么说，让我开始失去自信了”，对方很可能就会给予善意的回应，像是“别这么说，你真的很努力了”“对不起，是我说得太过分了”。

总之，只要能用不侵犯对方领域、表示尊重的方式来说话，就能大大提高对方尊重自己的可能性。

**重点** **用“我”作为主语，来表达自己的心情。**

“尊重他人”的原则❺

## 不要被“自己的评价”所捆绑

人类这种生物，其实拥有许多自我防卫的本能。

无论看见什么东西，人类首先就是用自己的角度去做评价，这是确保安全的一种生存方式。当人在评价其他人和事物时，就是在决定“要如何与此人、此事产生关联”。如果评价“这个人很奇怪”，就会与对方保持距离，就结果而言，也等于间接保护了自己。

但是，这个“评价”只是“此刻的自己”所做的、暂时且主观的判断。

面对同一件事，不同的人可能会有完全不同的评价；就算是同一个人，随着时间的转换，评价也可能有所改变。

一边评价一边活着，似乎是人类的天性，这件事本身并没有错。然而，如果没有认知到这只是“现在的自己所做的评价”，很可能就会视“评价”为唯一的真理，而强迫别人接受；或者缺乏包容心，而侵犯了“别人的领域”。

“尊重他人”的第五个原则，便是不要被“自己的评价”所捆绑。

前面提过，一旦下了“论断”，就会失去尊重他人的能力，而所谓的“论断”就是——强迫他人接受“现在的自己所做的评价”。

之前我们也讨论过，有些人“必须不断证明自己是对的”，这些无法从其他角度探讨自己所做的“论断”的人，自我肯定感都很低。

想提升自我肯定感，就不能坚持“只有自己的想法才是对的”，而是要习惯去思考“背后可能有各种原因”。

第 3 章主要是从“领域”这个观点，来理解什么是尊重。耐人寻味的是，如果能够清楚划分“自己的领域”与“对方的领域”，反而更容易感受到与对方的联结。

有些人误以为把自己与他人划分开来，很可能就会失去彼此之间的联结，事实却正好相反，这部分会在第 5 章做详细说明。

此外，清楚区分自己与他人，才等于尊重彼此都是“无可取代的存在”，这才是尊重的真谛。

**重点** 自己的评价，只是一时的主观判断。

# 第 4 章

# 如何学会“尊重自己”

## ——在善待他人的温柔中，看见自己的努力

“想要喜欢自己”，这句话其实就是在说：“我讨厌现在的自己。”
如果前提是“讨厌自己”，
那么不管再做多少努力，也不可能有奇迹般的改变。
因此，提升自我肯定感的先决要素，
就是无条件地接受“原本的自己”，并且觉得现在的自己也不错。
既然是无条件地接受，“寻找优点”也就没有任何意义。

借由尊重他人，我们能感受到自己传递给对方的“安全”及“温暖”；
这份宽厚也会反过来回馈到自己身上，
让我们能从“遭遇了这么多事，却还是很努力”这个角度来看待自己，
进而对自己抱持尊重与疼惜。

## 没有人会讨厌善待他人的自己

第 3 章探讨了“尊重他人的方法”，不知道大家是否觉得眼前已经展开了一个新世界呢?

接下来，我们要再次就本书的主题“自我肯定感”来思考。

如同第 1 章所提到的，其实不少人都有自我肯定感低的问题，有些人甚至经常在想，“要怎么样才能喜欢自己”；或许还有些人会创造出一个自己可能喜欢的形象，然后去扮演它。

但是，这么做是无法提升自我肯定感的。

因为，他们并没有接受“原本的自己”。

“想要喜欢自己”，这句话其实就是在说：“我讨厌现在的自己。”既然都“讨厌自己”了，当然就很难提升自我肯定感。

如果前提是“讨厌自己”，那么不管再做多少努力，也不可能出现奇迹般的改变。

因此，提升自我肯定感的先决要素，就是接受“原本的自己”。

**例** 我很讨厌自己。其他人都称赞我“个性率直”或“很懂得照顾别人”，但我并不这么觉得，而且我还有很多其他的缺点……

许多人一直对自己抱持负面的想法，然后就停在原地无法前进。在这样的情况下，提升自我肯定感的关键，就是我们之前一再提起的“尊重他人”。

因为，比起改变对自己的看法，改变对他人的看法要更加容易。

我想大家应该已经发现，当我们尊重他人的时候，会变得宽厚、包容。即使对方有些地方让人困惑，我们也能以“应该是有什么原因”的角度去思考。没有人会讨厌那样的自己，因为当我们能对他人展现宽容，就代表我们也能对自己展现宽容。

当眼光只放在“自己”身上时，人会不停地否定自己；但如果把视线转到“别人”身上，学会去尊重对方，那份“尊重”就会扩及自己身上。

怎么说呢？那就像是一起分享了“尊重的空气”。

当然，如果这份尊重是“有条件的”，就不可能会顺利。

“A 是某某大学毕业的，真的很厉害，我跟他比起来就……”

“B 的身材真好，哪像我……”

像这样跟自己的“条件”比较，只会降低自我肯定感。

但若是无条件的尊重，又会是什么情况呢？

“即使遭遇了这么多事，C 还是非常努力；我也一样遭遇了很多事，我也很努力了。”

就像这样，我们也会给予自己相同的尊重。

也就是说，无条件的尊重，能让我们感受到——“每个人都是努力的”。

这就是“无条件的尊重”耐人寻味的地方了。

我们所感受到的“努力”，其实也分为“有条件”及“无条件”。

举例来说，当我们觉得“那个人让这次的企划成功了”，或是“他的事业更上一层楼了”，这种时候除了是在认同对方的“努力”，其实也是在责备自己“不够努力”。

然而，无条件的尊重缓缓渗入身心，使我们感受到的

“努力”，不但没有任何比较，还能让所有人——包括我们自己——都体会到“人类是很努力的生命”。

即使回到自己身上，“评价”与“尊重”也是不可能并存的。

只要仍然会去评价自己“很糟糕”，就没有能力尊重自己。

而想要改变这样的状况，最有建设性、也最有助益的方法，就是“放下论断，无条件地尊重他人”。

一旦把这件事变成习惯，就会对这个总是尊重他人的自己，一直抱持正面、良好的感觉，同时在之后的生命中不断地享受“尊重的空气”。这么一来，就能慢慢提升自我肯定感了。

**重点** **尊重他人，也就是尊重自己。**

## 你怎么对别人，别人也会怎么对你

庭院里长着杂草，整理时你需要将它拔除。

同样是拔草，你可以不停埋怨着："什么烂杂草，真碍事！"然后粗暴地拔掉它；你也可以换个方式对杂草说："对不起啊，你这么努力地生长，我却不得不把你拔掉。"再温柔地除去杂草。

这两种态度，哪一种会让你"对自己的感觉"比较好呢？

我想，当然是后者吧！以第二种方式应对，会让我们觉得自己是既温柔又温暖的人。

这时就不要泼冷水地说：“那不过是自我满足吧？说这么多还不是要把杂草拔掉。”请把重点放在“自我肯定感”上。既然都要拔掉杂草，如果能感受到自己的温柔与温暖，也会提升自我肯定感。

对于他人，也同样可以采用这种思考方式。

当我们必须提醒别人某些事时，可以很不耐烦地斥责对方：“真是的，你每次都这样。”也可以平静地叮咛对方：“我觉得你已经很用心了，但这里还是要留意噢，因为很容易出错。”

比较这两种方式，你“对自己的感觉”就会完全不一样吧？

总是用前者的态度去指责别人，可以说既不尊重自己，也不尊重对方，而且自我肯定感绝对不高。

相反地，若以后者的方式回应，自然对自己、对他人都有足够的尊重。

**重点** 对待他人时，要能感受到自己的温柔。

## “寻找优点”，并没有任何意义

从之前的例子就可以理解，“尊重自己”其实就是要让自己体会到温柔又温暖的感觉。

仔细想想，也的确如此，既然尊重对方时所传达出来的是“安全”及“温暖”，尊重自己的时候，自然也要传达相同的感受。

**例** 我很沮丧的时候，打了电话给妈妈，在听完妈妈诉说烦恼并安慰她之后，我自己反而开朗起来了。

如同这个例子，当我们尊重对方的时候，自己也会呼吸到同样的“空气”。就像我们散发出有害的毒气时，自己也会跟着吸收；只要能酝酿出美好的氛围，自己也能享受到“好空气”的恩惠。

事实上，提升自我肯定感的方法就在于此。因为自我肯定感绝对无法依赖“寻找自己喜欢的部分”或“列出条件”来提升。

所谓的自我肯定感，就是无条件地接受“自己”这个存在，并且觉得这个自己还不错。既然是无条件地接受，“列出条件”也就没有任何意义。

拥有高度自我肯定感的人，大多是从小自我的存在就受重视，感受也获得肯定，同时还被允许尝试和犯错，也总是在温暖的提醒、叮咛中成长。

尊重自己，其实最终也是如此。借由尊重他人，我们也能感受到自己传递给对方的“安全”及“温暖”；同时能从“遭遇了这么多事，却还是很努力”这个角度，来看待自己。

第 3 章详细探讨过如何尊重他人，即使将其中的“他人”全都换成自己，也没有任何违和之处。我们自己也同样在与生俱来的条件、成长环境，以及至今的遭遇等各种制约中活着。

即使有人觉得“自己并未特别努力”，也应该是有什么理由，让他产生了这种感觉。而那个“原因”，主要就是自我肯定感低。明明那么努力，却觉得自己根本没有努力；不然就是深陷在“充满条件”的世界里，觉得若缺乏“优秀”的条件，就无法认同自己很努力。

**重点** 对别人温柔，自己也会得到力量。

## 觉得“自己很糟糕”，往往背负着受伤的事实

自我肯定感低的人经常觉得“自己很糟糕”，其中必定隐藏着很多原因，才会造成这样的结果。

例 从小我就一直被父母否定，而他们的理由都是，“我是为你好才这样说……”

从小就不断被拿来跟别人比较，所做的一切努力都被贬低，无论做什么都遭到否定——自我肯定感低的人，身边大多有这种批判他们的人。

或者，虽然成长环境没有太大问题，但他们曾有过严重丧失自信的经历。虽然之前已经多少拥有了一些自我肯定感，却因为这个转折，突然就开始觉得“自己很糟糕”。

**例** 自从被最爱的男友甩了，我就丧失了一切动力。像我这么糟糕的女人，根本不会有人喜欢。

首先希望大家了解的是——

不管你现在认为“自己有多么糟糕”，也不代表“你真的那么糟糕”，只是因为“发生了一些事情，而让你开始有这种想法”。

无论是被人批判，或是遭遇了某种使自己顿失信心的冲击，都会让人非常受伤。这个时候，本来应该安慰自己“受伤了，真让人心疼”，结果非但没有得到慰藉，反而还被自己责备“很糟糕”，这样活着实在是太艰辛了。

对于这样的自己，除了要承认“你已经很努力了”，更要从现在开始怜惜自己，告诉自己“你受了这么多的伤，真是辛苦了”。

我们不能改变过去，也无法消除受伤的事实。

正因如此，更不要去否定自己、指责自己“很糟糕”，而要试着告诉自己，“你受了这么多的伤，真是辛苦了”。

这才是真正接受“原本的自己”。

**重点**

**别再说“自己很糟糕”，而要说“你辛苦了”。**

## 当自我肯定感提升，"应该"会变成"想要"

**例** 我经常在面试时被问及"最想做的事是什么"，但我根本毫无头绪，所以每次都只好随便回答，之后就陷入自我厌恶的情绪中。

自我肯定感一旦不足，就无法对自己的心情加以认同。

因此，就算心里"想要做什么"，也会自我否定地说："这种想法太奇怪了。"或是："你怎么可能做得到？"

像这样不断地自我否定之后，"想要做什么"的想法会逐渐消减，最后就完全迷失了，不知道自己真正的意愿与方向。

自我肯定感低的人，通常都是以什么准则来行动呢？

——不是“想要”，而是“应该”。

他们会看别人的脸色，想着“应该这么做，那个人才会高兴”，或是“想要被人接纳，应该那样做才对”。

这中间的考量完全没有“想要”的自主性意念，只有窥探他人的脸色，以及跟着“世间”“常识”而走的随波逐流。

然后，他们就被这些“应该”捆绑住，进而陷入痛苦中。因为“原本的自己”在这样的情境下完全被否定，也被“应该”抹除了。

如果自己一直活在“应该”之中，就会要求别人也“应该”怎么做，内心会被“那个人不应该这样”的情绪给淹没。

这并不是尊重他人的态度，只会在各方面成为人际关系中的压力来源。

仔细观察那些因为对他人要求过多而引发争执的人，可以发现他们大多都是自我肯定感低的人。

只要自我肯定感提升了，就会珍惜自己“想要做什么”的心情。

只要“自己想做的事”成为生命的重心，就能够斩断与“应该”之间的关系，因为主角已经变成了自己。

自我肯定感若能提升到一定程度，就可以堂堂正正地说出“我想这么做”；比起没有自我的“应该”，更能以自己“想要”做的事为思考重心。

以“自己想做的事”为准则开始行动，就能获得成就感，让自我肯定感更好地提升，最后进入良性循环。

当然，不是自己想做什么事，都一定会获得理想的结果，但由于我们是在自我肯定感的支持下“尝试了想做的事”，多半都能获得极为充实的成就感。

**重点**

**做自己“想做”的事，创造良性循环。**

## “正视缺陷”，发现自己拥有的力量

**例** 可是，我就是不喜欢自己。

一般在谈到提升自我肯定感时，经常会听人提及“找到自己喜欢的部分”这个方法。

我不认为这会有太多效果，也从未见过成功的例子（就算暂时看似有所成效，最后还是会回到原点）。

在这里要特别向大家提出一个恰巧相反的建议，就是——“正视自己讨厌的部分”。

前面就曾探讨过，“找到自己喜欢的部分”，归根究底还是着眼于“自己所拥有的良好条件”，并没有肯定自己全部的存在。

那么，“正视自己讨厌的部分”又如何呢？

这当然不是件愉快的事，甚至有许多人始终都刻意忽视它。

但是，只要愿意去正视这个部分，就能看见自己所拥有的力量。

每个人都拥有各自与生俱来的条件，经历也存在差异。“有条件的尊重”，其实就是在对自己根本无能为力的那部分，去做“是否足够优秀”的评价。

然而，如果“正视自己讨厌的部分”，就会看到完全不同的另一个自己——“即使有那么多缺陷，也还是努力活到现在”的自己。

这些“缺陷”可能是先天的，也可能是成长过程中造成的身心障碍，甚至是一场突如其来的重大打击，导致自己对人产生戒心及不信任，或是导致了现在所罹患的疾病。

例 我是个“缺乏整理能力”的邋遢女。身边的人都不知道我被诊断出 ADHD（注意缺陷与多动障碍），我真的很讨厌这样的自己。

罹患 ADHD 的人，在“整理”这个课题上所面临的难度，与一般人完全不同。“正视自己讨厌的部分”，就是去认同“虽然自己有这样的缺陷，但还是努力像其他人那样活着”。

大多数的人其实都对自身的缺陷有所自觉，而且认为“如果不是这样就好了”“讨厌这样的自己”“为什么只有我是如此”，这样当然不可能提升自我肯定感。

这种感觉完全来自“条件”的捆绑，如果只考虑“条件”，就会无止境地看到不公平、不合理的状况。

无条件的尊重，则与“条件”完全无关，反而会让人觉得，在恶劣的“条件”下活到现在的自己、努力挣扎的自己，是非常值得尊敬的。

越是觉得“自己活得很艰辛”的人，就越要去认同自己真的已经很努力。

请带着眼泪，去怜惜这样的自己。

或许有人会以斥责式的激励口吻说道：“不管是谁，生活中都有艰辛的地方啊！”然而，对于“不管是谁”这个说法的感受与定义，往往因人而异，去贬低努力活着的人，并没有任何正面的效果。

重要的是，去尊重在这种境况下努力活着的自己及他人。

**重点** 好好怜惜努力活到现在的自己。

# 第 5 章

# 建立“真正的联结”

## ——深化自我肯定感，拥有真诚自在的人际关系

想要提升自我肯定感，就必须在能够确保安全的环境里，
拿出些许勇气，完全展现“原本的自己”，并在互相理解中感受到“联结”，
进一步获得“重掌人际关系”的感觉。

“虚假的联结”是指“徒具形式的”的连接，缺乏“心灵的交流”；
“真正的联结”则与“形式”无关，是能够让人感受到“心灵相系”的联结。
一旦被“形式上的联结”捆绑住，则不是会去束缚他人，就是变得否定自己；
当我们能尊重每个人需要的过程与距离，
自由自在地一边尝试犯错，一边努力生活，
才能建立美好成熟的人际关系。

## 真正的联结 VS 虚假的联结

看到这里，大家应该可以理解“尊重他人”与“尊重自己”大致是什么样的感觉了。

接着本章要继续探讨能让“尊重的感觉”更为深入的“联结”。

在人际关系疗法中，“联结”也是提升自我肯定感的关键。

“联结”可以说是现今这个时代的关键词，其中自然有社交网站风行的缘由，但是，在日本，“联结”一词频繁地出现在大众眼前，大约是自 2011 年发生在日本东北部的大地震（“3·11”地震）* 开始。除此之外，还有过去不常使用的“羁绊”二字，也是如此。

如此重视“联结”的态度，虽然确实激励了地震中遭遇创伤的受灾者，却也在许多人心中留下各种感触。

有一个患者曾对我说，“我和其他人没有什么联结，注定会孤独终老，像我这种人是不是只能去死了？”

还有些人是这么想的：“虽然我对受灾者感同身受，但一直强调彼此的‘联结’，就像是不得不产生什么关联，让人很不愉快。”

我非常珍惜“联结”的力量，所以在听过这些感触后，深深地觉得，如果不对“联结”做出确切的定义，这两个

*2011 年 3 月 11 日，在日本东北部太平洋海域发生 9.0 级地震。此次地震引发的海啸对日本东北部多地造成毁灭性破坏，并引发福岛第一核电站泄漏。——编者注

字将可能造成正、反两面的极端影响。

“联结”，其实有“真正的联结”与“虚假的联结”。

“虚假的联结”是指“徒具形式的”的连接，缺乏“心灵的交流”；

“真正的联结”则与“形式”无关，是能够让人感受到“心灵相系”的联结。

现代人常说“合群”，但如果只因为害怕被讨厌，必须拼命讨好才能维系“友谊”，这样的关系就是“虚假的联结”。或者，违反恋人的意愿强加束缚，这也是“虚假的联结”。

相反地，即使不常见面，却仍能从心底信赖的朋友，就是“真正的联结”；即使见不到恋人的面，也还是能相信对方的爱，这也是“真正的联结”。

**重点**

**“联结”能让尊重的感觉更为深入。**

## 人际关系良好，心灵就一定健康？

我的专业是人际关系疗法，这是一种循证（Evidence-Based）医学精神疗法，主要是治疗抑郁症、饮食障碍，以及与心灵创伤相关的疾病。而以这种疗法来思考本篇的主题“联结”时，我们可以从中看见一些耐人寻味的观点。

“人际关系疗法”是注重“人际互动与心灵健康之密切关联”的治疗法。光听这个名词，可能有人会误以为，这是“针对人际关系有问题的人”所进行的治疗，既然自己“没有人际关系的问题”，就与此无关。不过，有一个值得注意的重点是——

其实，有许多心灵生病的人都没有“人际关系的问题”。相反地，他们为了不引起“人际关系的问题”，会刻意压抑自己、察言观色，努力维持与他人的关系。

也就是说，他们为了不引起“人际关系的问题”，会不断地配合对方，直到累积过多的压力而让心灵生病。

在我的患者当中，许多人表面上都有不少朋友，甚至还有人广结善缘，很受欢迎，但如果询问他们对这样的状况有何感受，他们都表示“其实根本没有人了解自己”，因此只有满满的空虚感；或是觉得“如果不努力大家都会离开”，所以经常感到绝望与不安。

这样的状况我们在第 2 章也曾提过——“伪装”自己去讨好别人，是不可能获得自我肯定感的。否定、压抑“真正的自己”，觉得如果不扮演“他人眼中的自己”，就难以被他人接受——这种想法完全就是对自我的否定。

这种自我否定很容易导致心灵上的疾病，即使没有生病，也一定会让自己“活得很艰辛”，离“感觉幸福”的日子越来越远。

因为只重视“形式上的联结”，所以得不到“心灵上的联结”。也就是说，自己能感觉到的，只有空虚、不安的“虚假的联结”。

而这样的态度，也是“对他人的不尊重”。

明明对方可能是个仁慈宽容、能够理解各自差异的人，但是自己却觉得如果不扮演“讨人喜欢的角色”，就无法赢得对方的好感，这其实是低看了对方的人格。

当然，我们身边的人并非全都性格成熟、宽容大度，所以当我们坦言以对时，有人或许会出现震惊的反应。但是，人类也具有努力的特质，许多人就算震惊，还是会“努力试着去理解”，之后就逐渐“习惯”。即使在当前的社会，也有许多过去无法被大众接受，如今人人都习以为常的现象或状况。

如果只因为对方一开始感到震惊就受伤，而认定“这个人果然还是不理解我”，等于根本没有给予对方成长的空间，这也是一种不尊重的态度。所以，请试着去尊重对方的成长步调吧！

如果给了许多时间，对方还是不打算理解，那也只能接受“对方应该是有不能理解的原因”，只不过那就是对方的问题了。

**重点**

**“虚假的联结”来自不够尊重。**

## 展现“原本的自己”，才有真正的联结

所以，那些压抑自己、害怕引起人际关系问题的人，在治疗中都要经历“展现真实的自己，与他人产生联结”的过程。

这当然需要很大的勇气，因此治疗者必须陪伴他们一起前进。

多年以来，我治疗了许多患者，深刻地感受到——“治疗者的角色，就是自我肯定感的暂时代替品”。

我所进行的治疗，本质上就是要代替无法自我肯定

的患者给予他们肯定，帮助他们接受“原本的自己”，与他们一起向前，获得积极改变的力量。

即使因为生病的关系，什么都做不到，那也是“原本的自己”。如果患者认为自己“把问题推给生病，其实就是在偷懒”，就要帮助他们理解“这是生病引发的症状”，这也等于在帮助患者肯定“原本的自己”。

身为治疗者，我们必须像这样，一边帮助患者确认安全感，一边让患者将之前无法坦露的“真实的心情”，缓缓表达出来。

**例** 我鼓起勇气告诉母亲：“我现在处在情绪低潮中，即使想工作也提不起劲儿。”母亲竟然能够体谅，还对我说：“那就好好休息吧。”

要将自己真实的心情传达给他人，最困难的就是跨出第一步，而且许多时候都需要治疗者在旁协助。

然而，只要经历过一次“传达之后被接受”的体验，就能从中获得难以想象的力量。

那样的体验是无法用理论说明的，是一种美好得难以言喻的感受。而“真正的联结”就是这样的感觉，它能大大提升自我肯定感，甚至治愈心灵上的疾病。

**重点**

**“原本的自己”被接受的体验，足以治愈疾病。**

## 感受尊重，必须有“安全的环境”

当然，不是只有在治疗过程中，才能建立“真正的联结”。

我是“日本心态疗愈学会”（AHJ，Attitudinal Healing Japan）的志愿者。“心态疗愈”是一种每个人都能实践的心灵疗愈方式，我会参与其中，并非出于医生的职责，而是自己的兴趣。许多不同的人聚集在一起，并不是因为生病，只是觉得生活很艰辛、充满压力，或是对于特定的状况感到烦恼或受伤。

每次召开研讨会，我都会遇见不同的参与者，看到这些人通过一日的疗程稍稍碰触到了“真正的联结”时，总是让我非常感动。

特别是那些起初抱持着怀疑等各种想法的人，只要经历过团体分享（每个人都放下论断，认真倾听别人诉说），看到每位参与者展现出“原本的自己”，都会感受到屋子里洋溢着不可言状的温暖，然后带着这样的体会踏上归途。

我们并非只能从他人身上汲取温暖，更重要的是感觉到从自己身体里涌现的温暖。

分享结束后，所有人的感想都是“人性还是美好的”“忽然觉得自己现在就很不错”，这就是“对原本的自己给予肯定”，对于自己或他人，都能放下“觉得很糟糕”的否定态度。

只不过，要达到这样的结果，就必须能够在确保安全的环境里，拿出些许勇气，完全展现“原本的自己”。如此一来，即使是起初不打算这么做的人，在接触到别人的“原本的自己”之后，也能获得相同的勇气。

**例** 我勇敢坦承自己小时候曾遭受霸凌，对方只是默默倾听，这就让我觉得深受抚慰。

这样的温暖深刻而真实，完全无法用言语表达，我认为这才是“真正的联结”。

这种温暖的感觉，不但能让人接纳“原本的自己”与“原本的对方”，更能提升自我肯定感，甚至治愈心灵上的疾病。

此外，这也让人得以重拾“人性还是美好的”这种最为基本的认识——当然，这里所说的“人”，也包括我们自己，因此自我肯定感理所当然会有所提升。

这就是对“人”这个存在所抱持的尊重。而最能让我们自然感受到尊重的地方，就是“安全”的环境。

所谓安全的环境，就是自己不会被“评价”、也不会被“论断”的地方。

前面已经提过很多次，“论断”与“尊重”是无法并存的，没有“论断”的地方，才更容易感受到“尊重”。

不过，这并非需要某种特别的情境才能实现。

只要我们与他人相处时能放下“论断”，就能尊重自己及他人。

**重点** **放下论断，就能自己创造“安全的环境”。**

## 不必“共鸣”，只要“共存”

**例** 我听了朋友的失恋故事，因为她的遭遇和自己太像了，最后忍不住和她一起哭了起来。

有些人听了别人的故事会“感同身受”，或是“因为有过类似的遭遇，而深感共鸣”，于是觉得产生了“联结”。

这种时候，其实要特别留意。

觉得对方和自己有相同的体验——这种想法只是“现在的自己所做的评价”而已。

事实上，很可能只有你觉得“对方和自己一样”，对方却完全不这么想，甚至听到“一样”时，还会感到很困惑。

除此之外，因为觉得“对方和自己一样”，所以就把对方的经历套进自己的“框架”里，结果反而忽略了“原本的对方”。

就像这样，一旦觉得对方的某个“状况”或“经历”和自己一样，很可能就会减低对对方的尊重，所以要格外小心。

即使罹患一样的疾病，每个人的体会也各有差异；就算看似在相同的境遇下成长，每个人背负的状况也会影响各自的体验。只看到其中的一小部分，即认定“对方和自己一样”，其实就是不尊重“原本的对方”。

只是看到一部分情况，就认定“和自己一样”，在本书中将这种状况称为“共鸣”。

“共鸣”基本上只会带来“虚假的联结”。

然而，如果我们在倾听别人的故事时，真正地接纳了“原本的对方”，就会感受到“真正的联结”。当我们感受到“真正的联结”，会与对方产生温暖的一体感，却不会有“和自己一样”的想法，因为此时基本上不会有“我”的存在。

因为我们的目光正放在对方的现在，所以“我”就消失了。

例

朋友被公司裁员了，情绪极为低落。我只是默默陪在他身边听他诉苦，没过多久，他就露出释然的表情说：“或许这是转换职场新赛道的契机呢。”

接受“原本的对方”，拥有“真正的联结”，在本书中称为“共存”。如果是“共存”，无论对方处于什么状态，都能与他同在。

这种感觉与“没办法和那么痛苦的人相处”“对方太可怜，实在看不下去了”，正好完全相反。

当我们有上述感受时，是无法与对方“共存”的。因为自己觉得痛苦，所以无法与“原本的对方”（痛苦的对方）相处，在此状态下，已经出现了觉得对方“太痛苦”与“太可怜”的“论断”，而“论断”与“尊重”是无法并存的，当然也因此无法建立“真正的联结”。

如果可以抛开“论断”，与对方“共存”，无论对方是何状态，都能与他同在。

此外，如果有人与自己“共存”，我们就能安心地循着自己的步调前进。就像上述的例子，即使被裁员而遭受打击，也会有重获自由的感觉，察觉到自己可能发现新的契机，这也是往前迈进的一个过程。

与他人“共存”的时候，无论对方的状态有多么“痛苦”或“可怜”，我们都能感受到对方在竭尽全力活着的能量，以及无法言喻的温柔。

即使面临各种极限状况也奋力前进，一旦感受到这样的能量，我们就将体会到“人性还是美好的”，进而提升自我肯定感。

与“原本的对方”共存时，基本上就等于与“原本的自己”共存。那里完全没有否定的存在，只有“原本的自己”与之共处，让我们能够尊重自己及对方。比起精神喊话似的说：“我要更喜欢自己！”这会是截然不同的感受。

**重点** 寻求“和自己一样”，会忽略“原本的对方”。

## 靠得太近，无法看清彼此的关系

**例** 我想和男友建立“真正的联结”，所以总是频繁地Line*他。

“真正的联结”是心灵上的联结，不会被 Line 了几次，或一起出游几趟这种“形式上的联结”所捆绑。

相反地，如果被“形式上的联结”所束缚，就很难感受到“真正的联结”。因为此时已经存在着这样的“论

*韩国互联网集团NHN的日本子公司NHN Japan推出的一款即时通信软件。——编者注

断”——“如果失去了‘形式上的联结’，就不会有‘联结’。”

**例** 我丈夫只要一发脾气，就会拳脚相向，使用暴力，明明他平常是那么温柔又有耐心的人。

想要感受到“真正的联结”，就需要“适当的距离”。

如果与使用暴力的伴侣距离过于紧密，基本上就不可能感受到“真正的联结”。

能够忍受“严重暴力”的人，其实正处于极端自我否定的状态，因为自我肯定感够高的人，会想要“在这种状况中保护自己”。

然而，一旦选择与对方分开，就等于失去了“形式上的联结”。这种失去太过痛苦，所以很多人宁可继续留在伤害自己的人身边。

即使只是失去“形式上的联结”，也还是一种失去，仍然会感受到强烈的寂寞，可能还会觉得“自己再也遇不到别的伴侣”了。

只要与人分离，无论对方是谁，都会有相同的感觉，这也可以说是一种单纯的“丧失体验”。

但是，与暴力对象分手，却是在确保自己的安全。人只有在安全之中，才能保持“原本的自己”。而且，唯有保持“原本的自己”，我们才有办法接受“原本的对方”。

乍看似乎很矛盾，但是诸如此类的案例，必须先断绝“形式上的联结”，才有办法接受“原本的对方”；而情况也会从“我很糟糕所以才被打”“只要我忍耐就没事了”，转变为“是啊，对方真的生病了”，进而认清是“对方的原因”。

如果不断绝“形式上的联结”，就会不断责备自己“又惹对方生气了”；一旦抛弃了这种联结，就能看清对方的现状“反映了他所背负的问题与原因”。

**重点** **拉开距离，才能看见对方的“原因”。**

## 无须“同步”，只要理解对方的想法

如果是前文中有暴力倾向的伴侣，还能选择“分开”；但如果是割舍不掉血缘关系的亲人，或即使你保持距离，对方仍随心所欲地跨越界线，这样的关系就没那么容易从中“解放”了。

此时，只有放下“对方正侵入自己的领域”这种先入为主的“成见”，才能得到真正的“解放”。

比方说，有个朋友总是在背后说别人坏话，经常让你听了郁闷不已。如果每次他道人长短时，你都站在他那边，和他一起“同步”，也跟着议论纷纷，你只会让自己的心情变得更糟。

这时，你应该做的并不是和对方“同步”应和，而是做个倾听者，将这些话当成是“对方”所经历的“辛苦过程”，想着他“真是辛苦了”或是“你已经很努力了”。

或许有些时候，我们确实会想附和对方，但在背后说人坏话这种事，还是不要“同步”比较好。

如果这时感受到对方“要求你与他同步”，我们就会觉得“自己的领域”被侵犯了。然而，对方是不是真的要求我们与他同步，这是属于“对方的领域”，事实如何，除了对方没有人知道。

即使对方真的提出这种要求，也不需要觉得“自己必须同步”，只要理解“他现在的心情是希望我与他同步”，接受“对方的领域”在当下是处于这种状况就行了。

如果开口叫对方“不要再说别人坏话”，就等于否定了“原本的对方”，也会失去建立“真正的联结”的机会。

**例** 朋友总是说“你的想法错了”“你一直在自我逃避”，再三地否定我，和他相处真的很痛苦。

这些事明明是属于“自己的领域”，却这样被他人“论断”，自然感觉不舒服。

当有人说“你的想法错了”时，不要认定自己是被“论断”，只要把这句话置于“原来对方是这么想的”范畴内，“自己的领域”就不会遭到侵犯。毕竟，对方有这种想法，是属于“他的领域”，只要简单地回应“原来你是这么想的啊”，或是“我会思考看看”就好。

如果回答“你的想法才错了”，否定“原本的对方”，就一定会遭到反击。如此一来，我们就会被“同步”这个“形式上的联结”所捆绑，然后被“虚假的联结”所左右。

**重点**

**不要觉得自己“被论断”，当成是对方的想法就好。**

## 坦言以对，只说“自己领域内”的事

我们在前面讨论了许多方法，以尊重“原本的自己”与“原本的对方”，还有一种加深关系的路径，就是“说出真实的想法”。

在第3章曾提过，说话时以“我”为主语是很重要的，当我们对别人坦承真实的想法时，只要诉说“自己的领域内”的事就好了。

例如，“听到你说我错了，‘我’觉得很难过”。

如果反击说：“‘你’才是错的！”就变成是论断

了“对方的领域”，一定会引起对方的反击。

若只是表达了自己的“难过”，那就是“自己的领域内”的事，才是尊重“领域”的态度。虽然不知道对方此刻听不听得进去，至少“听到你说我错了，我觉得很难过”这句话，要比直接回应“你才是错的”，更能促使对方反省自己的态度。

如果坦诚地说出真实的想法，而对方也接受了，这样的体验就能建立起“真正的联结”。

当然，对方不见得一直都能接受自己所说的话。

在这个时候，只要这样想就好了——“我都如此坦诚了，对方还是不能接受，可见他的自我肯定感真的很低，看来他的过去应该发生了什么事。”

就像第 1 章所说的，世界上有一种人“必须不断证明自己是对的”。专断独行者在旁人看来，像是“有自信且自我肯定感很高的人”，事实却正好相反。他们已经被“必须与自己意见相同”这个“形式上的联结”所束缚，而难以接受人人原本就各有看法这个“真正的现实”，其实是可怜之人。

**重点**

**专断独行者受制于“形式上的联结”，其实很可怜。**

## 就因为是家人，更要尊重彼此的领域

我在进行临床治疗时，发现许多自我肯定感低的人，都极难与亲近之人——也就是家人——建立“真正的联结”，这似乎也让他们的自我肯定感更低。

因为，与平常密切相处的人之间若不存在尊重的关系，就会不断地遭到否定。

换句话说，与身边亲近之人建立“真正的联结”，会成为提升自我肯定感的关键。然而，一旦建立联结的对象变成了家人，很多时候我们就难以维持“领域”的意识。

**例** 母亲总想干涉我的人生，不是说“妈妈觉得这所大学比较好”，就是说“你去考公务员，妈妈才放心”，这让我非常痛苦。

孩子进入青春期以后，父母的课题之一就是要建立这样的意识——“孩子的领域是属于孩子自己的”。

父母必须认识到“孩子已经长大了……”，才能“放手让他们独立”，但事实上很多人都做不到。

结果，这些孩子看着双亲的脸色，在恐惧中长大，而强势的父母开始不再用语言沟通，而是逼迫孩子察言观色，只要孩子违背自己的意思，就会表现出不悦与嫌恶。

手足之间也可能会延续过去的关系，让某一方随意侵入自己的“领域”。例如，有些年长的兄姐会摆出“没人比我更了解你”的态度，而随意主导或论断年幼弟妹的言行。

即使面对亲近的家人，只要不尊重彼此的“领域”，就无法建立“真正的联结”，这个原则并没有改变。

如果感觉到家人侵入了自己的“领域”，可以试着思考自己是否也侵入了对方的“领域”，或许会有意外的发现。

例如，别人对自己说某些话时，自己不会觉得受伤，但如果是家人说的就会不悦，这中间其实隐含着“家人应该理解我”的想法，等于已侵入了对方的“领域”。

那么，要如何才能让彼此保有自己的“领域”呢？

那就是不要用指责“对方”的方式说话——像是“你怎么能这么说”或“你为什么要说这种话”，而是要改成传达“自己”的心情，告诉对方“这些话让我很难过”。

“家人之间说什么都没关系”，这样想是不对的，“就因为是家人，说话时才更需要尊重彼此的‘领域’”。

**重点**

**感觉“家人侵入自己的领域”时，反思“自己是否也侵入了对方的领域”。**

## 不要将“一起行动”赋予“亲密”的含义

**例** 如果不时时和恋人在一起，我就会感到不安，所以总是忍不住想束缚对方。

如果自我肯定感低，就容易被“形式上的联结”所支配。

因为，即使是“形式上的联结”，也会让自己有得到支持的感觉。对于自我肯定感低的人来说，一旦被别人发现自己连这种联结都没有，就会感到羞愧。

就算想时时在一起，但对方有自己的喜好，也有自己的安排。

如果是能互相尊重的人际关系，就会尊重对方的喜好及安排，想一起行动就一起行动，要是不感兴趣或另有所好，就各自行动。如果无视彼此的意愿，只要求“必须一起行动”，总有一天会互生嫌隙。

每个人的状况都不相同，有时也会想安静地独处。

重点是，为什么“不一起行动就会感到不安”？

这是因为，如果不一起行动，就会觉得自己被忽视了，开始怀疑自己“是不是被讨厌了”，或是“彼此的感情可能没有那么亲密”。有时则是太过在意周围的眼光，害怕别人觉得“自己一个人行动，是因为不受重视”。

在此时，“一起行动”这个“形式上的联结”，即被加上了“亲密”“受到重视”等含义。

若是兴趣相投，一起行动会带来不小的乐趣，但如果彼此想做的事都不一样，这只会给对方带来束缚，无法享受优质的相处时光。

此外，有些人的个性就是不喜欢一起行动，这绝不是对方有什么异常，或刻意要忽视别人，只是他需要属于一个人的时间而已。

这时，如果硬要赋予“一起行动”以“亲密”“受到重视”等含义，就会让对方觉得“不喜欢这么做的自己”很糟糕，于是勉强迎合，或开始自我否定。

一旦被这种“形式上的联结”捆绑住，则不是会去束缚他人，就是变得否定自己，因而造成许多痛苦。

如此一来，就会既无法尊重对方，也无法尊重自己。

在第 3 章提过，清楚划分“自己的领域”与“对方的领域”，对尊重来说是必要之举。

而“在那段时间里想做什么事”是本人的决定，也是属于本人“领域”内的事。

因此，只要抱着这样的想法——“让别人随心所欲地运用时间，自己也随心所欲地运用时间”，就能建立一种足够成熟、也足够自由的人际关系，当然也能获得“真正的联结”。

**重点**

让彼此随心所欲地运用时间，才是成熟而自由的关系。

## 每个人对"距离"的感觉都不相同

"想要一起行动"造成的问题，并不仅止于前述的状况，也可能因此失去言行的自由。

"联结"是自己体会到的感受，并不需要通过"在一起"或"配合对方"等"应有的言行"来呈现，但如果受到"形式上的联结"所支配，情况就会逐渐走样。

**例** 最近新认识的一个朋友感觉不想和我亲近。即使我坦诚以对，对方还是三缄其口，虽然我希望和他变得亲近些，但他对我总有距离感。

一般来说，大家都以“坦白多少自己的信息”来判断彼此的“距离”。觉得“有距离”代表的意义就是认为对方没有敞开心扉。

每个人对于人与人之间该以何种距离相处，想法都不一样；即使是同一个人，在不同的时期与状况下，认知也会有所差异。

对某人来说“有距离”的关系，对另一方来说可能“刚刚好”。

特别是曾被他人伤害的人，更需要许多时间才能慢慢打开心房。逼迫这样的人“马上坦白自己的事”，几乎可以算是霸凌了。

即使没有那么严重，也有不少人会觉得自己“遭到窥探”，因而感到不舒服或不愉快。

因此，当自己“想要更加接近，却遭到拒绝”时，其实只是彼此对“距离”的感觉不同而已，没有必要认为自己被排斥了。

大家现在应该可以了解，在这种状况下要求对方“更加坦白自己的事”，其实就是缺乏尊重。只要理解为“对方现在只能坦白到这个程度”，就不会心生不满。接下来，如果能继续保持这样的态度，相信对方也会渐渐敞开心扉。

尊重对方所需要的过程，才是真正的尊重。

这样一路看下来，我们可以说是在原本不需要的地方，降低了自我肯定感。因为我们在“形式上的联结”（一起行动、坦白个人之事）强加了“亲密”“受到重视”这些意义，因而更强化了“自己很糟糕”这种自我否定的感觉。有没有“形式上的联结”都无所谓，更重要的是尊重彼此的领域，才能直接“培育”自我肯定感。

**重点**

**强求对方“敞开心扉”其实是一种霸凌。**

## 尊重对方所需要的过程

**例** 母亲过世了，我的心情一直很低落，朋友却劝我：“打起精神来吧，就算你再伤心，妈妈也不会回来了。”这让我更加难过。

不知道有多少人在自己所爱的人过世时，曾被他人自以为善意的言语刺伤；而自己心情低落时，旁人的每一句鼓励听来也很残酷。

当别人遭遇伤心之事时，我们经常会思考着：“应该向对方说些什么才好。”

但是，只要开始思考“应该向对方说些什么”，就会把眼光从“原本的对方”身上移开，转为思考“自己应该怎么做才对”。而“应该向对方说些什么”的想法，基本上就是在“论断”对方“应该从悲伤中走出来比较好”。

当人有所失去时，都需要经历悲伤的过程，通过沉浸在悲伤之中，重新整理自己的心情。

这些悲伤及沮丧能使我们与正在进行的社会生活拉开一些距离，让我们专心地疗愈自己。

因此，即使对方“总有一天会从悲伤中走出来”，但是直接“论断”对方“应该从悲伤中走出来比较好”，是不对的。

大多数的鼓励及正面话语，都是基于“应该从悲伤中走出来比较好”这个“论断”所做的思考。

这样的说法对于还需要时间沉浸在悲伤中的人而言，

听起来就像自己被否定了。

那么，面对正处于悲伤中的人，应该怎么做才好呢？

那就是放下偏见及论断，无论对方说什么，只要静静地倾听。即使内心浮现“好可怜”“好想安慰他”的心情，那都是基于“对方应该从悲伤中走出来比较好”的“论断”，所以就放手吧！

当然，也有人“不想让别人看到自己脆弱的样子”，或是“不想被同情”，对于这样的人，只需要接受“原本的他们”就可以。不要多余地去揭穿对方“明明很伤心”，这只会对他们造成伤害，也无法建立“真正的联结”。基本上，“对方的内心只有他自己知道”，我们只能“看到”对方外在的言行而已。

对于正深陷痛苦的人，我们只需要“默默守护”。

对方如果倾诉了什么，就放下“论断”，仔细倾听。

如果对方希望开心地度过，就跟他一起开心地度过。

就像这样，只要能用对方想要的方式跟他一起度过，就是比什么都好的安慰。

这就是尊重对方所需要的过程。

**重点**

**“默默守护”就是最好的安慰。**

## “为了你好”，其实是批判与支配

例 跟我很要好的同事自从得到社长奖就眼高于顶，我担心他总有一天会惹上麻烦吃苦头，所以想劝他低调、谦虚一点。

就像前面所述“从悲伤中走出来比较好”的想法，人们经常想用自己认为“好”的“形式”去改变对方，很多人甚至以为这才是“真正的联结”。

每当有人要提出忠告，我们经常会听到对方这样说：“这种严苛的话，我只会跟真正亲近的人说。”他们将否定对方的话包装成“亲近”“联结”的证明。

但是，即便再怎么亲近，真有必要用这种否定的方式说话吗？如果是自己“希望能这样”，这是属于“自己的领域”，可以这样表达：“我担心你会激起别人的嫉妒，像你这样获得社长奖肯定的人才，要是被打压就太可惜了，这时如果表现得‘谦冲为怀’，才更能证明你的实力和气度。”这就是从“自己的领域”来考量的说法。

然而，如果说“你应该更谦虚一点才对”，就完全侵入“对方的领域”了。

第 3 章曾提过，“停止想要改变他人”是尊重的原则之一，而“论断”与“尊重”更是无法并存。“这种严苛的话，我只会跟真正亲近的人说。”这是一种基于“说出严苛的话 = 亲近的证明”所做的“论断”，完全是缺乏尊重的“虚假的联结”。

一旦与亲近的人建立“虚假的联结”，基本上就是痛苦的开始。因为我们无法逃离亲近的对象，所以也无法摆脱已经习以为常的“虚假的联结”。此外，身边一直存在着否定自己的人，也只会使自我肯定感变得更低。

“这种严苛的话，我只会跟真正亲近的人说。”这样的话语完全是一种批判、支配，甚至是虐待。我们不应该怀着这种恶意，而是要尊重对方，自始至终只从“自己的领域”去劝告对方：“因为我很担心，所以觉得你改变一下比较好。”

**重点** 自己认为的“好”，只是片面的“论断”。

## 道歉之后，留给对方反应的自由

例 我已经好好道歉了，但朋友一直不原谅我。
我都低头赔罪了，他也应该要释怀才对。

自己对对方做出了失礼的事，当然必须“道歉”，但如果被“道歉之后，对方就应该释怀”的“形式”所捆绑，就会陷入让人饱受折磨的“虚假的联结”。

因为，对方是否释怀，基本上是属于对方“领域”内的事。有些人很容易释怀，有些人则需要多花点时间。此外，对方也可能因诸多压力或感到疲累，导致当下很难保持正面情绪。

自己的道歉有多么诚恳，与对方是否能马上释怀，并没有绝对的关联。

当然，想要建立“联结”，自然需要诚恳的道歉。

但是，对方是否释怀，只能反映出对方当时的处境与状况，并不是我们所能控制的。

如果缺乏这样的认知，就会被“只要道歉，对方就会释怀”这种“形式上的联结”所制约，造成对方的负担，让原本就难以释怀的对方，变得更加不安。

“只要诚恳道歉了，就应该释怀”，这句话不但是一种束缚，更是一种“论断”。

对方有“反应的自由”，即使理智上已经接受道歉，情绪却可能还没有跟上，这是常有的事。

别人对我们做了失礼的事，就会在我们内心造成一定的冲击；而想要从这种冲击中恢复，再一次信任对方，每个人需要的时间长短都不一样。

尽可能诚恳地道歉，之后就给对方留下空间吧！这就是尊重对方所需要的过程。

**重点** 做自己能做的事，之后就放下。

## 如何说“不”，自我肯定感会变高?

例 我觉得想要与他人建立联结，某种程度上就必须配合对方，所以我尽量不拒绝别人的邀约。

一旦有了“想要与他人建立联结，就不能说‘不’”“不应该泼别人冷水”的想法，就会什么事都不敢拒绝，或是在拒绝之后萌生罪恶感，不断揣测“对方会怎么想”，而使自己陷入痛苦。

当别人提出委托或邀约，我们有时会因自身的原因而必须拒绝。有可能是真的有事或忙碌，也有可能只是“没那个心情”。

在这种时候，如果始终认为“想要与他人建立联结，就不能说‘不’”，便会与现实严重脱节，而觉得苦不堪言。

自己的状况基本上是属于“自己的领域”；把自己的状况告知对方后，对方会如何反应，那就是“对方的领域”内的事。

因此，我们只需要负责“把自己的状况告知对方”。

但是，如果跟对方说明了“自己很想接受，却因为某某原因无法做到”，又总有些不太自在，这是因为觉得对对方“不好意思”。无论是谁，提出委托或邀约却遭到拒绝，感受都不会太好，就是因为理解这一点，我们才会觉得“不好意思”。

若是如此，在说明完自己的状况后，只要再加上这样的话语——“难得你邀约我，真抱歉”或是“有机会再找我噢”，以回应对方的心情就好。这也同时表达了“这次我虽然没办法，但我并不是在拒绝你”。

只要表达完自己的想法，对方会如何接受，就是对方的事了。

有些人会很干脆地说：“那就下次吧！”有些人理智上虽然可以了解，心情上却要花一点时间才能接受（比较情绪化的人）。有些人甚至只要被拒绝就会断绝关系，这样的人在自我肯定感方面必定有着很大的问题。但是，为了建立“真正的联结”，我们也只能接受“现在的对方”，然后带着遗憾的心情，默默等待对方改变的那一天。

**重点** 每个人遭受拒绝时的反应都不一样。

## 彼此尊重，胜过互相了解

**例** 根本没有人了解我的心情与想法。我可能永远都无法拥有“真正的联结”了。

既然“真正的联结”是心灵上的联结，自然有人会认为，这代表着“别人是否了解自己的心情”。

但是，“真正的联结”绝对不是建立在“对方是否了解自己的心情”之上。基本上，我们根本不可能真正理解他人的心情。

确实，和一个体会相仿、经常能理解自己感受的人，会很容易变得亲近。但“互相了解”只是“形式上的联结”，如果太过执着于此，一旦出现些许分歧就会遭受打击，或即使不赞成对方的想法也还是跟着同步应和，陷入“虚假的联结”。毕竟，世上没有两个人是完全一模一样的。

然而，我们却有可能与对方保持这样的距离感——“虽然你说的话、做的事，我不见得能够理解，但你的为人很值得信赖”。

虽然无法理解对方的价值观，但因为对方诚实的人格，所以能认为“他既然会这么做，一定有自己的理由”，因而接受对方的言行，这才是“真正的联结”。

不否定对方的行为或感受，而是尊重对方“做每件事的原因”。身而为人的我们，都在各自被赋予的“条件”中努力活着，每个人的条件也不尽相同，因此我们不可能完全理解他人的心情。但是，如果把视线聚焦于“每个人都很努力”，无论对方的条件如何，我们都能够予以尊重。

如果“真正的联结”就是彼此尊重的关系，那么即使不了解对方的“条件”，也依然能够支持对方。

接受“对方的本色”，并且认同“对方的努力”，基本上具有让对方“起死回生”的效果。如果对方本是一个成果至上的人，只要去尊重对方的“努力”，将使其感受到深刻的“安全”与“温暖”，而直接反馈到自我肯定感，使对方体验到“是啊，我很努力了”“应该会有办法”这样的安定感。

**重点** **无法理解也没关系，只要肯定对方的努力。**

## 享受沉默，创造相处的优质时光

例 我笨嘴拙舌，很难跟别人愉快地聊天，更别提建立什么“真正的联结”，那是痴心妄想。

很多人以为，要与别人建立联结，就必须很会说话。但如果认定“必须很会说话”，就会落入“形式上的联结”=“虚假的联结”，而与“真正的联结”渐行渐远。

就算无法和别人“愉快地聊天”，也能与别人产生联结。享受沉默，就是其中一个方式。

这个说法可能会让人有些疑惑，毕竟我们多半都认为沉默令人尴尬。一旦陷入沉默，自己就会被评价为“无趣的人”，只好拼命找话说来填补沉默，然后又觉得自己“说了许多无聊的废话”，最后陷入自我厌恶。

但是，如果真正地尊重对方，又会如何做呢？

对方或许是个喜欢沉默的人，也或许正在静静享受、品味周遭的环境（可能正在倾听小鸟的啼叫），更或许他是个喜欢按照自己的步调，随性、自在交谈的人。

明明不清楚对方的状况，只是因为“不想被认为是无趣的人”，就拼命说话填补沉默，其实就是不尊重自己及对方的表现。

与他人相处时，如果能够享受沉默，这样的人际关系其实是非常优质、美好的。因为此刻你所享受的不是会话的内容，而是对方的存在，这才是尊重的基本精神。

因此，若与别人相处时突然陷入了沉默，不要慌张地拼命说话，可以试着去体会这样的感觉——“我们之间，是可以共享沉默、彼此尊重的关系”。如果能在沉默当中感觉到“安全”及“温暖”，那会是人生中难得的体验。

沉默之所以让人难受，是因为大家都有“必须说些什么”的强迫观念，这乃是来自“沉默使人尴尬”的“论断”。只要能放下这种论断，留给我们的就是安稳的环境，以及彼此间安稳的关系。

尊重沉默，就能获得与对方相视微笑、随心漫谈、自然倾听、闲聊眼前所见……这些丰富、充实的时光。当然不只是对方，澄澈的空气、刚萌芽的树木……周遭的所有情境和景象，都值得我们尊重。

**重点**

**抛开“必须说话”的强迫观念。**

## 迷惘时，选择与“应该”相反的选项

本书到目前为止所要说明的，基本上就是——不要对现实做出任何论断，而要接受它原本的样貌。

从对方应该是“有什么原因”的角度去看待态度恶劣的人，也并非出于什么温情，只是接受现实而已。实际上，人们所有的言行都是架构在“原因”之上。

书中的内容简而言之就是如此。那么，为何这样做能提升自我肯定感呢？为何只要放下“论断”，就能进入自我肯定与尊重的良好循环呢？

那是因为，只要我们可以保持自在，就能够肯定自己。

原本我们都拥有高度的自我肯定感，却因为各种形式（大多数都是别人对自己或自己对自己所下的“论断”）而开始贬抑自己，使得自我肯定感每况愈下。

我们倾听自我肯定感低的人说话时会发现，其中必然有否定的“论断”。

能够不受“论断”影响，并且按照自己的心意，自由自在地一边尝试犯错，一边努力生活的人，则拥有高度的自我肯定感。

也有人在成长的过程中，主动决定离开“论断”的世界，因而重获自我肯定感。治疗心灵上的疾病也能让人发现“论断”的存在，进而找到摆脱“论断”的机会。

我们经常会听到“变得圆融”的说法，随着年龄的增长及经验的累积，人们渐渐能真切体会到“这世上有各种各样的人”，因而不再凡事都轻易加以论断。

不随意论断的人看起来“既宽容又成熟”，但其实这一点也不特别，只是人类本来就拥有的能力。

也因此，希望大家不要论断本书的内容是“应该这么做”。

要想象自己解开了一个个伤害、捆绑自我的“论断”，终于展现出自己原有的姿态。

不是“必须去尊重”，而是“放轻松之后就能尊重”；不是苦苦修行，而是自我解放。

本书之所以优先提出“尊重他人”这个方法，只是因为它比较容易着手而已。人们经常将自己对自己的“论断”当成真实，因而难以放下；但若是观察别人，思考对方“应该有什么原因”，却要简单许多。

起初，可以先从“感觉有点不合的人”开始，尝试去思考对方“或许是有什么原因”。

因为如果选择从“狠狠伤害过自己的人”开始，或许就会变成是强迫自己“应该”去思考有什么原因了。

这也可以说是属于自身的“苦衷与原因”。

人们只要受到重大冲击，就会有一段时间处于危机管理模式，难以对对方产生善意的想法。如果这时还要强迫自己去思考“对方应该有什么原因”，就会变成痛苦的修行，也就是变成“应该如何”了。接着我们就会否定做不到的自己，反倒使自我肯定感变得更低。

每当你不知所措、觉得迷惘，开始意识到自己又在思考什么才是对的、必须的，就选择与“论断”及“应该”相反的选项吧！

这样一来，就能重获人类与生俱来所拥有的自我肯定感。

**重点** 我们原本就具备自我肯定感。

| 虚假的联结 | 真正的联结 |
| --- | --- |
| 伪装成别人喜欢的自己，拼命讨好以维持关系 | 在安全、温暖的环境里，展现原本、真实的自己 |
| 共鸣——只看见一部分就认定对方和自己一样，会忽略原本的对方 | 共存——接受原本的对方，无论对方处于什么状态，都能与他同在 |
| 与恋人的距离过度紧密，忍受对方的暴力并自我责备 | 拉开与恋人的距离，看清对方暴力的原因，停止自责并确保安全 |
| 要求同步，必须与自己意见一致，否则就无法接受或被激怒 | 坦言以对，认清人人各有看法的现实，只要理解对方是如何想的就好 |
| 一定要一起行动、频繁联络，配合对方的喜好 | 尊重彼此的兴趣与安排，各自随心所欲地运用时间 |
| 对方若不按照要求坦白自己，就认为被排斥而心生不满 | 每个人对距离的感觉都不相同，尊重对方想坦白的程度 |
| 论断对方应该从悲伤中走出来，自以为是地说出鼓励或正面话语 | 尊重对方需要的悲伤过程，默默守护，以对方想要的方式陪他度过 |
| 用自己认为“好”的形式去改变对方，把严苛的否定包装成亲近的证明 | 传达自己真实的心情与想法，只从自己的领域去劝告对方 |
| 道歉之后，认为对方就应该立刻释怀 | 道歉之后，留给对方反应的时间与自由 |
| 不敢拒绝，总是尽量配合对方，觉得不应该泼人家冷水 | 坦诚说明自己无法配合的状况，并适当回应对方的心情 |
| 执着于必须互相了解、彼此赞同或应和 | 彼此尊重，即使不见得理解也愿意支持对方的努力 |
| 被“沉默令人尴尬”的论断所捆绑，为了不被认为无趣就急着开口说话 | 抛开“必须说话”的强迫观念，和对方共享沉默，感受彼此安稳的关系 |

结语

## 尊重是一种状态，而非行为 / 水岛广子

本书探讨了“尊重”，这是对万事万物都能抱持的态度。

无论是刚经过的路人、司空见惯的环境、每天服务我们的店员、送货到家的快递人员，或当下正在吃的食物、“眼前这个瞬间”……

只要试着去尊重，就能感觉到自己的人生品质大大地提升了。因为我们可以感受到自己与他人被无可取代的一切所围绕、努力活着的姿态。

“尊重”虽然是动词，但实际的感受却不是“行为（do）”，或许更接近于“状态（be）”。

也就是，对于和自己有缘的事物保持“尊重”。

也就是，认真地活着。

当然，这不是要我们“必须”认真地活着，给自己加上“应该”的压力。基本上，“应该”从来就不在我们的选项之内。

思考身为人类的自己可能有的“原因”，从做得到的地方开始，对自己、对他人、对万物，去尊重对方“原来的样子”——让自己处于这样的状态（be），就是提升自我肯定感的捷径。

若觉得自己对某个人的态度太过情绪化，因而失去了尊重，也要接受自己“有这样做的原因”，尊重在此状态下认真活着的自己。为了提升自我肯定感而拿起本书阅读，也是值得尊重的一件事。

人类毕竟还是会追求“活得更好”、不断前进的生命。

最终，我们会对万事万物都抱持尊重。

认识到所有存在于这个地球上的人、事、物，全都属于生命的恩惠。

感觉自己活在此时此地是多么了不起的奇迹。

一旦达到这样的心境，我们的自我肯定感将会高得没有极限。

希望本书能成为大家微小的助力。

最后，要感谢非常有活力的本书编辑们，特别是大和出版的御友贵子小姐。我与御友小姐一样，虽然经常遭受失败与挫折，却拥有互相尊重的美好关系。

**图书在版编目（CIP）数据**

自我肯定的奇迹 /（日）水岛广子著 ；杨咏婷译 .
-- 北京 ：国际文化出版公司，2023.4
ISBN 978-7-5125-1504-8

Ⅰ. ①自… Ⅱ. ①水… ②杨… Ⅲ. ①成功心理－通俗读物 Ⅳ. ① B848.4-49

中国国家版本馆 CIP 数据核字 (2023) 第 002832 号

北京市版权局著作权合同登记号 图字 01-2023-1324 号



**自我肯定的奇迹**

| | |
|---|---|
| 作　　者 | [日]水岛广子 |
| 译　　者 | 杨咏婷 |
| 责任编辑 | 张　茜 |
| 统筹监制 | 福茂茂 |
| 出版发行 | 国际文化出版公司 |
| 经　　销 | 国文润华文化传媒（北京）有限责任公司 |
| 印　　刷 | 三河市华晨印务有限公司 |
| 开　　本 | 880 毫米 ×1230 毫米　　32 开 |
| | 6.5 印张　　100 千字 |
| 版　　次 | 2023 年 4 月第 1 版 |
| | 2023 年 4 月第 1 次印刷 |
| 书　　号 | ISBN 978-7-5125-1504-8 |
| 定　　价 | 49.80 元 |

国际文化出版公司
地　　址：北京朝阳区东土城路乙 9 号　　邮　　编：100013
总 编 室：（010）64270995　　传　　真：（010）64270995
销售热线：（010）64271187　　传　　真：（010）64271187-800
E-mail：icpc@95777.sina.net